无人机
摄影摄像

飞行技法 + 航拍运镜 + 后期修图 + 视频制作

章子豪◎编著

清华大学出版社

北京

内 容 简 介

本书是一本紧扣CAAC与AOPA无人机考证内容的摄影与摄像教程。

全书分为五个篇目，通过80多个实战技巧，帮助大家快速成为无人机航拍高手。

【快速入门篇】第1章至第5章，介绍了无人机的入门知识、炸机风险与危机处理，飞行软件DJI App的具体用法，起飞前的检查与首飞的细节操作，无人机摄影航拍构图取景方法。

【飞行技法篇】第6章、第7章，介绍了CAAC与AOPA无人机考证相关的飞行常规动作，如上升、下降、向前、后退等入门飞行动作和进阶飞行动作，让大家先学会安全飞行无人机，再进行航拍。

【航拍运镜篇】第8章至第12章，介绍了常用的运镜方式，无人机的智能运镜，3种变焦方式，大师镜头套模板快速出片方法等内容。

【后期修图篇】第13章、第14章，介绍了热门的修片软件——醒图App，包含了构图处理、添加滤镜、批量调色处理以及添加文字和贴纸等操作的方法。

【视频制作篇】第15章、第16章，介绍了如何用剪映电脑版剪辑视频，让读者可以随心所欲地剪出理想的作品，快速掌握后期处理的相关技巧。

本书结构清晰、语言简洁，适合无人机新手或小白，以及爱好摄影转向玩无人机航拍的人阅读，也适合因为工作需要想深入学习航拍照片和视频的记者、摄影师等阅读，同时也可以作为机构培训或相关院校的教辅教材。

图书在版编目（CIP）数据

无人机摄影摄像：飞行技法+航拍运镜+后期修图+视频制作 / 章子豪编著. -- 北京：清华大学出版社，2024.7. -- ISBN 978-7-302-66441-3

Ⅰ. TB869

中国国家版本馆CIP数据核字第2024YU6139号

责任编辑：张　瑜
封面设计：杨玉兰
责任校对：周剑云
责任印制：丛怀宇

出版发行：清华大学出版社

　　　网　　　址：https://www.tup.com.cn, https://www.wqxuetang.com
　　　地　　　址：北京清华大学学研大厦A座　　　　邮　　编：100084
　　　社 总 机：010-83470000　　　　　　　　　　邮　　购：010-62786544
　　　投稿与读者服务：010-62776969, c-service@tup.tsinghua.edu.cn
　　　质量反馈：010-62772015, zhiliang@tup.tsinghua.edu.cn

印 装 者：北京联兴盛业印刷股份有限公司
经　　销：全国新华书店
开　　本：210mm×260mm　　　印　　张：15.5　　　字　　数：374千字
版　　次：2024年7月第1版　　　印　　次：2024年7月第1次印刷
定　　价：98.00元

产品编号：103112-01

前言 ▰▮

为了让大家可以快速上手并精通无人机的摄影与后期处理技巧，在正式阅读本书之前，先简单和大家分享 20 个学习无人机知识的注意事项。

（1）在起飞之前需要检查两样东西：一是电量是否充足；二是无人机里有没有内存卡。避免到了拍摄地点，发现电量不够，或者是内存卡没有放进无人机，导致不能按计划正常拍摄。

（2）在无人机起飞的时候，我们需要观察地面情况，尽量远离人多区域，特别是小朋友喜欢围观，提前沟通让他们远离无人机，再安全飞行。

（3）在无人机飞行到一定的高度时，一定要时刻关注飞行器的动态，如果看不见无人机了，就结合飞行地图来分析。特别是在夜晚飞行，光线暗的情况下。

（4）无人机在拍摄视频过程中，如果提示电量不足，而且飞行距离很远，这时一定要放弃拍摄，赶紧让无人机返航，防止电量不够导致无人机在返回途中丢失。

（5）在拍摄视频时，首先要构思你想要拍摄出什么样的效果，然后选择地点，最后，在拍摄的时候需要预判拍完视频需要多少时间，从而保证无人机能够安全返航。

（6）一张好的作品离不开构图，掌握构图技巧，可以让你的照片、视频更上一个台阶，让你拍摄的画面脱颖而出。具体内容可以参考第 5 章的构图取景方法。

（7）掌握必学的 6 组飞行动作，如上升、下降、前进、后退、左移和右移，熟悉这 6 组飞行动作并勤于练习就会大大提升你的无人机操控技能。

（8）在拍摄球形全景照片时，最好用一个中心主体作为拍摄元素，这样出来的效果会更加引人注目。

（9）在夜间拍摄时，建议白天提前观察好周围有没有电线杆或者其他障碍物，以免造成无人机的坠毁。

（10）在夜间飞行时需要提前关闭前臂灯，因为前臂灯会影响拍摄的画质。

（11）在夜晚或者弱光环境中，拍摄通常很难进行对焦，此时可以通过放大屏幕、点击对象对焦，或者通过手动对焦的方式让主体更清晰。

（12）在拍摄人群密集的城市风光时，如果你想要清晰地呈现某个场景，可以利用慢门长曝光来虚化移动的人群，使原本拥挤的画面变得清净无比，消除视觉上的干扰，从而得到简洁的画面。

（13）在拍摄夜景的慢门光轨时，曝光时间尽量设置长一点，如 3 ～ 8 秒，越长越好。

（14）在大疆 Mavic 3 Pro 中有很多模式，如果你还是初学者，也不知道怎么拍，你就可以直接运用无人机自带的智能模式去拍摄，只需要选择好想要的模式就可以。

（15）大疆 Mavic 3 Pro 最大的亮点就是长焦镜头，它能实现 3 倍、7 倍变焦，让你实现远拍的心愿，特别是节假日人多的地方，你在远处运用长焦镜头就可以拍摄。

（16）以前在手持稳定器里面才能实现的希区柯克拍法，现在在大疆 Mavic 3 Pro 中也可以实现，它能让你一秒拍出高级感。

（17）无人机的大师镜头包含了 3 种飞行轨迹、10 段镜头以及 20 种模板，对于初学者来说，这是非常实用的智能拍摄模式。但是在拍摄时一定要选择好参照物，有好的参照物才能拍出精彩的效果。

（18）使用无人机航拍延时画面之前，一定要先观察好前、后、左、右的环境，分析移动延时可能经过的区域，避免遇上其他无人机，造成炸机风险。

（19）醒图 App 是现在比较热门的后期修图软件，它可以实现精准的微调效果。在拍摄过程中如果遇到没有拍好的照片，可以先不删除，在醒图 App 中进行后期处理，也能成为一张佳作。

（20）视频拍摄完成后，如果发现拍的视频都很平淡无奇，没有震撼之感，可以使用剪映 App 来对视频进行合成、剪辑、变速以及调色等，这样也能制作出绝美的佳作。

另外，本书精心安排了 CAAC 与 AOPA 无人机考证的考点内容。

本书赠送超值四重大礼：PPT 教学课件、教学视频、电子教案、素材文件。带教学视频的内容，在相应章节标题旁有二维码，手机扫码就可以观看学习。

本书其他素材请扫下面的二维码获取。

　　素材　　　　　　效果　　　　　　其他资源

在编写本书时，是基于当前软件版本截取的实际操作图片（醒图 App 版本 7.9.0、剪映电脑版本 4.2.1、DJI Fly App 版本 1.10.0）。本书从编辑到出版需要一段时间，在这段时间里，软件界面与功能可能会有调整与变化，比如有的内容删除了，有的内容增加了，这是软件开发商做的更新，很正常，请在阅读时，根据书中的思路，举一反三，融会贯通地进行学习即可。本书主要以大疆 Mavic 3 Pro 为例，向大家介绍无人机的飞行与航拍技巧。

本书由章子豪编著，参与编写的还有向小红等人，由于作者知识水平有限，书中难免有疏漏之处，恳请广大读者批评、指正。

目录

【飞行技法篇】

【航拍运镜篇】

【后期修图篇】

【视频制作篇】

長沙火車站

【快速入门篇】

第 1 章　正确认识无人机

章前知识导读

在 2023 年 4 月 25 日，大疆公司发布了 Mavic 3 系列的新款机型——大疆 Mavic 3 Pro。Mavic 3 Pro 配备了三颗摄像头，支持全焦段光学变焦，影像功能能力非常强大。本章以大疆 Mavic 3 Pro 为主，带大家正确认识与使用无人机。

新手重点索引

▶ 检验：无人机验货与激活
▶ 要点：无人机的起飞与降落
▶ 硬件：无人机的机身及各配件

1.1 检验：无人机验货与激活

当我们购买了无人机之后，需要掌握一定的验货技巧，这样才能确保无人机是完整的，比如核对无人机的配件与物品清单、检验与测试无人机的性能等。本节将为大家介绍检验无人机的要点。

1.1.1 开箱验货，核对物品数量

当我们拿到无人机后，要进行开箱检查。图 1-1 所示为大疆 Mavic 3 Pro 无人机的开箱状态，在开箱之后，我们首先需要检查无人机的机身以及各配件是否齐全，外观有没有破损，如果无人机的机身或配件有损伤，一定要及时联系售后解决问题，千万不能带着有问题或破损的无人机飞行，这样会有很大的安全隐患。

图1-1　大疆Mavic 3 Pro无人机的开箱状态

下面以大疆 Mavic 3 Pro 为例，介绍其官方标配畅飞套装中的物品清单。

▶ 飞行器：1 个。

▶ DJI RC 带屏遥控器：1 个。

▶ 智能飞行电池：3 块。

▶ 单肩包：1 个。

▶ 备用降噪螺旋桨：4 对。

▶ 收纳保护罩：1 个。

▶ 充电器 AC 电源线：1 根。

▶ 备用摇杆：1 对。

▶ 100W 桌面充电器：1 个。

▶ 100W 充电管家：1 个。

▶ 双头 USB-C 数据线：2 根。

▶ ND 滤镜：1 套。

实物如图 1-2 所示。

图1-2　大疆Mavic 3 Pro畅飞套装物品清单

虽然大疆 Mavic 3 Pro 自带 8GB 的机载内存，但用户最好再购买一张内存卡扩展容量。另外，有录屏需求的用户，也可以为带屏遥控器再购买一张内存卡。最好选择无人机专用的高速内存卡，如图 1-3 所示。经常拍视频和照片的用户，可以多备几张内存卡，以备不时之需。

图1-3　无人机专用的高速内存卡

1.1.2　掌握无人机的规格参数

当我们拿到无人机之后，需要先了解无人机的规格参数，比如无人机的飞行速度、云台的可控转动范围、相机的最大照片尺寸以及录视频分辨率等，这些参数对于开箱验货、后续的使用和保证飞行安全，具有重要的参考意义。

下面以大疆 Mavic 3 Pro 为例，介绍无人机的具体规格参数，如表 1-1 所示。

表1-1　大疆Mavic 3 Pro无人机的规格参数

序　号	类　别	参　数
一、飞行器的规格参数		
1	起飞重量	958 克
2	最大水平飞行速度	21 米 / 秒（海平面附近无风环境）
3	最大起飞海拔高度	6000 米
4	工作环境温度	−10℃至 40℃
5	卫星导航系统	GPS（global positioning system，全球定位系统）+Galileo（Galileo satellite navigation system，伽利略卫星导航系统）+BeiDou（Beidou navigation satellite system，北斗导航卫星系统）
6	机载内存	8GB（可用空间约 7.9GB）
7	悬停精度	垂直： ±0.1 米（视觉定位正常工作时） ±0.5 米（GNSS（global navigation satellite system，全球导航卫星系统）正常工作时） 水平： ±0.3 米（视觉定位正常工作时） ±0.5 米（高精度定位系统正常工作时）
二、云台的规格参数		
1	可控转动范围：俯仰	−90°至 35°
2	可控转动范围：偏航	−5°至 5°
三、相机的规格参数		
1	影像传感器	哈苏相机：4/3CMOS（complementary metal oxide semiconductor，互补金属氧化物半导体），有效像素 2000 万 中长焦相机：1/1.3 英寸 CMOS，有效像素 4800 万 长焦相机：1/2 英寸 CMOS，有效像素 1200 万
2	镜头	哈苏相机 视角（FOV）：84° 等效焦距：24mm 光圈：f/2.8 至 f/11 对焦点：1 米至无穷远

续表

序　号	类　别	参　数
3	镜头	中长焦相机 视角（FOV）：35° 等效焦距：70mm 光圈：f/2.8 对焦点：3 米至无穷远 长焦相机 视角（FOV）：15° 等效焦距：166mm 光圈：f/3.4 对焦点：3 米至无穷远
4	ISO 范围	视频 普通、慢动作： 100 至 6400（普通色彩） 400 至 1600（D-Log） 100 至 1600（D-Log M） 100 至 1600（HLG） 夜景： 800 至 12800（普通色彩） 照片 100 至 6400
5	电子快门速度	哈苏相机：8 秒至 1/8000 秒 中长焦相机：2 秒至 1/8000 秒 长焦相机：2 秒至 1/8000 秒
6	最大照片尺寸	哈苏相机：5280×3956 中长焦相机：8064×6048 长焦相机：4000×3000
7	照片拍摄模式	单张拍摄、多张连拍、自动包围曝光、定时拍摄
8	录视频分辨率	哈苏相机 5.1K：5120×2700@24/25/30/48/50fps DCI 4K：4096×2160@24/25/30/48/50/60/120×fps 4K：3840×2160@24/25/30/48/50/60/120×fps 中长焦相机 4K：3840×2160@24/25/30/48/50/60fps 长焦相机 4K：3840×2160@24/25/30/50/60fps

序　号	类　别	参　数
9	视频最大码率	哈苏相机 H.264/H.265 码率：200Mbps Apple ProRes 422 HQ 码率：3772Mbps Apple ProRes 422 码率：2514Mbps Apple ProRes 422 LT 码率：1750Mbps 中长焦相机 H.264/H.265 码率：160Mbps Apple ProRes 422 HQ 码率：1768Mbps Apple ProRes 422 码率：1178Mbps Apple ProRes 422 LT 码率：821Mbps 长焦相机 H.264/H.265 码率：160Mbps Apple ProRes 422 HQ 码率：1768Mbps Apple ProRes 422 码率：1178Mbps Apple ProRes 422 LT 码率：821Mbps
10	图片格式	JPEG/DNG（RAW）
11	视频格式	MP4/MOV（MPEG-4AVC/H.264，HEVC/H.265） MOV（Apple ProRes 422 HQ/422/422LT）
12	数字变焦（仅普通录像模式、探索模式）	哈苏相机：1 倍至 3 倍 中长焦相机：3 倍至 7 倍 长焦相机：7 倍至 28 倍

四、图传的规格参数

1	图传方案	O3+
2	实时图传质量	遥控器： 1080p/30fps，1080p/60fps
3	工作频段	2.400GHz 至 2.4835GHz 5.725GHz 至 5.850GHz
4	发射功率（EIRP）	2.4GHz： <33dBm（FCC） <20dBm（CE/SRRC/MIC） 5.8GHz： <33dBm（FCC） <30dBm（SRRC） <14dBm（CE）
5	最大信号有效距离（无干扰、无遮挡的情况）	FCC：15 千米 CE：8 千米 SRRC：8 千米 MIC：8 千米

续表

序　号	类　别	参　数
6	最大下载速率	O3+： 5.5MB/s（搭配 DJI RC-N1 遥控器） 5.5MB/s（搭配 DJI RC 带屏遥控器） 15MB/s（搭配 DJI RC Pro 带屏遥控器）
7	天线	四天线，二发四收
五、充电管家的规格参数		
1	输入	USB-C：5 伏至 20 伏，最高 5 安
2	输出	电池接口：12 伏至 17.6 伏，最高 5 安
3	额定功率	便携充电器：65 瓦
		桌面充电器（充电管家）：100 瓦
4	充电方式	3 块电池轮充
六、电池的规格参数		
1	容量	5000 毫安 / 时
2	电压	15.4 伏（标称电压）；17.6 伏（充电限制电压）
3	电池类型	Li-ion 4S
4	电池整体重量	约 335.5 克
5	充电环境温度	5℃至 40℃
6	充电耗时	约 96 分钟搭配 DT2 65 瓦便携充电器自带数据线

温馨提示

GNSS 全称是 Global Navigation Satellite System，译为全球导航卫星系统。

FCC 全称是 Federal Communications Commission，译为美国联邦通信委员会。

CE 全称是 Concurrent Engineering，译为欧盟的安全认证。

SRRC 全称是 State Radio Regulatory Commission of the People's Republic of China，译为国家无线电管理委员会。

MIC 全称是 Ministry of Internal Affairs and Communications，译为无线类产品进入日本市场的强制性认证。

HQ 全称是 High Quality，译为高质量。

LT 全称是 Line Terminal，译为线路终端。

Apple ProRes 是专业视频制作和后期制作中最常用的视频格式之一。

1.1.3 开机并激活无人机

在检查与核对完无人机的物品配件之后，我们就要检查无人机的状态，检查螺旋桨有没有装好，电池有没有卡紧。然后，我们要掌握无人机的开机顺序，到底是先开飞行器还是先开遥控器呢？开机之后，有时候会提示用户固件需要升级，此时我们需要对固件进行升级操作，以便更安全地操控无人机。下面介绍无人机的开机技巧，希望大家可以熟练掌握。

安装摇杆、螺旋桨与电池的方法，请参考本章下面相关小节的内容。大家在首次使用无人机时，需要先给智能飞行电池充电，以激活电池，再将电池安装到无人机的机身上；将无人机与 RC 遥控器进行连接时，需要确保遥控器已连接互联网。在开启无人机的电源之前，要确保飞行器的保护罩已经摘下，前后机臂均已展开，以免影响无人机的自检。

开启无人机的顺序如下。

第一步：开启 RC 遥控器。第二步：开启电源。第三步：使用遥控器连接飞行器。

当 RC 遥控器开启之后，用户需要按照界面提示激活 DJI 设备。根据提示先选择地区和语言，并进行联网操作，然后登录 DJI 账号，就可以进入 DJI Fly App。接下来，当遥控器连接上飞行器之后，就需要升级固件版本，由于下载时间比较长，所以还需要保证遥控器有足够的电量。完成所有激活操作之后，就可以开始试飞无人机了。

> **温馨提示**
>
> 在大疆官方的说明书中，也是介绍先开启遥控器的电源，再开启飞行器的电源。因为飞行器和遥控器的连接是一对一的连接，先开启遥控器的电源，能确保飞行器开机之后不会被别的遥控器连接或干扰。为确保万无一失，建议大家按照大疆官方说明书上的步骤开机。

1.1.4 试飞无人机来检验性能

检验与测试无人机的性能是验货的一个环节，主要包括检验无人机是否能正常起飞、抗风能力如何，测试电池的续航能力、低温状态是否正常等。如果用户初次试飞无人机，可以请店家验货试飞，然后根据店家的方法自己再操作一次。下面介绍检验的相关操作。

1. 是否可以正常校准指南针

无人机在飞行时，是非常依赖全球定位系统的，所以校准指南针是很关键的一步。由于各个地区的磁场略有不同，一般建议新机器开机后，立即校准指南针。校准指南针一定要远离高大建筑，尽量选择在开阔的户外场所。新手可以按照 DJI Fly App 中的提示进行操作，先让镜头朝前水平旋转无人机，然后让镜头朝上垂直旋转无人机，即可校准指南针。如果没有校准成功可再次尝试；如果还是没有校准成功，就需要换场所再尝试；要是还没有成功校准指南针，就要怀疑机器是否有问题了。

2. 是否能正常飞行

在测试飞行功能时，需要校准遥控器上的摇杆，先打开 DJI Fly App，进入"操控"设置界面，选择"遥控器校准"选项，按照提示将摇杆和拨轮往所有方向的最大值推动，进行遥控器校准。然后将无人机上升至 5 米左右的高度，如图 1-4 所示，令其上升、下降、左转、右转、向前、向后、向左、向右，测试无人机是否能正常飞行、遥控器是否可以正常操作。

图1-4　将无人机上升至5米左右的高度

3. 拍摄性能是否正常

在 DJI Fly App 中，先设置自动挡拍摄模式，当画面显示正常后，再拍摄几张照片和几段视频，然后在相册中查看是否可以正常读取、回放照片和视频。如果条件允许的话，还可以取出存储卡，使用读卡器在电脑上读取、播放。如果可以正常回放，说明拍摄性能完全正常。如果发现照片有彩色条纹，就说明摄像头的数据线有故障；如果发现照片和视频全黑，那就是无人机本身有故障了，需要更换新机器。

4. 测试无人机的避障功能

此测试建议找熟练飞手进行测试，新手不建议尝试。无人机是默认打开所有的避障设置的，为保险起见，建议打开 DJI Fly App 进行复核。先找到一堵墙壁，让无人机飞至离墙壁还有 1.5 到 3 米的位置，查看 App 界面中是否有距离提示。如果有距离提示并发出报警，说明无人机的避障功能是没有问题的。不过最好选择在平稳挡和普通挡中测试，因为无人机在运动挡中的视觉系统是关闭的，不具备任何避障功能。

1.1.5　硬件检查与软件检查

关于检验无人机前面已经提及了很多的要点。但系统而言，对于无人机的检验，我们可以分为硬件检查和软件检查两个方面。

1. 硬件检查

▶ 飞行器机身与云台相机是否有损坏、划痕，螺丝、卡扣是否松动等。

▶ 电机启动时是否有异响，排气口是否堵塞。

▶ 螺旋桨是否损坏，型号是否匹配，数量是否足够。

- 电池是否损坏或异常，充电是否异常，数量是否足够。
- 遥控器或手机的电量是否充足，USB-C 连接线是否正常。
- 是否安装存储卡，内存是否足够。
- 充电器、充电管家是否损坏，能否正常使用。
- 电池电量和温度是否有问题。

2. 软件检查

- 检查 DJI Fly App 界面中的状态栏是否有错误提示和警报信息。
- 是否需要模块自检和固件升级。
- 飞行模式是否正确。
- 指南针是否存在异常（如果存在异常，就需要校准）。
- 摇杆模式是否合适（有美国手、日本手和中国手的区别）。
- 图传质量是否良好（如果不好，就暂时不要飞行）。

1.2　要点：无人机的起飞与降落

对于新手而言，学会安全地起飞和降落无人机是非常重要的，因为大部分的炸机事故往往发生在起飞和降落的过程中。本节主要介绍无人机的起飞和降落技巧，希望用户可以熟练掌握这些内容。

1.2.1　起飞要点

无人机在起飞之前，需要选择起飞点。起飞点应选择四周空旷无高楼、地面平坦无杂草、上空无遮挡物、周围无流动人群的地方。

起飞之前还要检查无人机的各部件是否安全，比如螺旋桨的桨叶有没有装好、机身是否有松动或损坏、电池有没有卡紧等，无人机完整安全的样子如图 1-5 所示。

图1-5　无人机完整安全的样子

飞行器上一共有 4 个螺旋桨，即便只有 1 个是松动的，那么飞行器在飞行的过程中也会很容易因为机身无法平衡而炸机。

螺旋桨分正桨和反桨，也称为 A 桨和 B 桨，全黑的螺旋桨就是反桨，带灰色圆圈标记的就是正桨。正桨和反桨在对角线上是相同的，相邻的螺旋桨则是相反的。在安装螺旋桨的时候，一定要正确安装，不要安反了，不然会出现无人机飞不起来或者飞起来就炸机的情况。正确安装方法是一压螺旋桨、二转螺旋桨、三提螺旋桨，这样才能确保螺旋桨是卡紧的。

当我们将无人机放置在水平起飞位置后，应取下保护罩，并展开无人机的四个机臂，然后再按下无人机的电源按钮，开启无人机。在飞行之前，我们还要检查无人机的电量是否充足，亮几格灯表示剩余几格电量，如图 1-6 所示，左右两图分别代表无人机只剩 2 格电和 4 格电。

图1-6　2格电量与4格电量的亮灯显示

温馨提示

有些无人机航拍（包括直升机和多旋翼航拍），是需要多人才能完成航拍工作的，这就涉及了飞手、云台手与地勤人员之间的配合。

飞手、云台手与地勤人员要多配合联系，这样才能产生默契；云台手要保证遥控器的信号稳定，留意图传画面和 GPS 信号；地勤人员要时刻关注天空中的风速情况和天气情况，在下雨、下雪、下冰雹之前，要提前通知飞手与云台手，然后收起飞机，结束飞行。

1.2.2　降落要点

无人机的降落方式，按操作主体的不同可以分为手动降落和自动返航。

手动降落是比较安全和保险的一种方式，只要场地开阔，遥控器和无人机就都有足够的电量，如果用户对周围的环境也熟悉，那么就能保障其安全降落。

对于自动返航，需要满足几个关键条件：一是返航点在起飞的时候就刷新好了；二是返航高度设置合理；三是在返航的时候无人机有 GPS 信号；四是无人机的飞行状态处于视觉定位模式。

在无人机的降落过程中，一定要确认降落点是否安全，地面是否平整，对于凹凸不平的地面或山区，是不适合无人机降落的，如图 1-7 所示。如果用户在这种不平整的地面上降落无人机，可能会损坏无人机的螺旋桨。

无人机在降落的时候，用户还需要关注周围的环境，尤其是要随时注意降落点周围是否有玩闹的小孩、是否有电动车路过等，这样能避免事故的发生。

在操控遥控器的过程中，遥控器的天线与飞行器的脚架要保持平行，而且天线与飞行器之间不能有任何遮挡物，以免影响遥控器与飞行器之间的信号传输。

图1-7　凹凸不平的地面或山区

1.3　硬件：无人机的机身及各配件

认识无人机和各种配件，能让我们使用无人机时上手更加轻松，从而保证无人机的飞行安全。对于这部分知识，大家可以先有一个大致的了解，然后在实践中熟悉相应的功能。本节将为大家介绍无人机及配件的知识。

1.3.1　认识飞行器

扫码看视频

大疆 Mavic 3 Pro 飞行器在从货箱中刚取出来的时候，外面有一个黑色的保护罩，当取下保护罩之后，我们就可以展开它的四个机臂，再开启电源并起飞无人机。下面带大家认识展开机臂之后的飞行器，如图 1-8 所示。

图1-8　展开机臂之后的飞行器

图1-8　展开机臂之后的飞行器（续）

飞行器上各部件的名称如下。

❶ 一体式云台相机：左上是长焦相机；右上是中长焦相机；下方是哈苏相机。

❷ 水平全向视觉系统。

❸ 补光灯。

❹ 下视视觉系统。

❺ 红外传感系统。

❻ 机头指示灯。

❼ 电机。

❽ 螺旋桨。

❾ 飞行器状态指示灯。

❿ 脚架（内含天线）。

⓫ 上视视觉系统。

⓬ 智能飞行电池。

⓭ 电池电量指示灯。

⓮ 电池开关：短按一次，再长按 2 秒就可开机。

⓯ 电池卡扣：按住卡扣可把电池从飞行器中取出来。

⓰ 内含充电 / 调参接口（USB-C）和相机 Micro SD 卡槽。

扫码看视频

1.3.2　熟悉遥控器的功能

大疆 Mavic 3 Pro 系列无人机可使用 DJI RC-N1 遥控器、DJI RC 带屏遥控器和 DJI RC Pro 带屏遥控器。DJI RC-N1 遥控器需要连接手机，剩下的两款遥控器则不需要连接手机。

本小节以 DJI RC 遥控器为例，详细介绍各功能按钮，帮助大家熟悉遥控器上各功能的作用和使用方法，如图 1-9 所示。

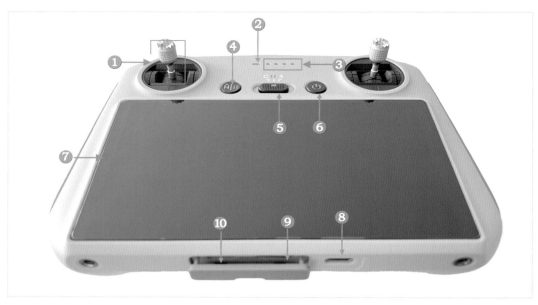

图1-9　DJI RC遥控器

❶ 摇杆：摇杆可拆卸，用于控制飞行器飞行，在 DJI Fly App 中可设置摇杆操控方式。

❷ 状态指示灯：显示遥控器的系统状态。

❸ 电量指示灯：显示当前遥控器的电池电量。

❹ 急停 / 智能返航按键：短按使飞行器紧急刹车并原地悬停（GNSS 或视觉系统生效时）。长按可启动智能返航，再短按一次可取消智能返航。

❺ 飞行挡位切换开关：用于切换飞行挡位，分别为平稳、普通和运动。

⑥ 电源按键：短按一次，再长按两秒开启 / 关闭遥控器电源。短按可查看遥控器的电量。当遥控器开启时，短按可切换息屏和亮屏状态。

⑦ 触摸显示屏：可点击屏幕进行操作，使用时请注意为屏幕防水，防止屏幕进水损坏。

⑧ 充电 / 调参接口（USB-C）：用于遥控器充电或连接遥控器至电脑。

⑨ Micro SD（secure digital memory card，存储卡）卡槽：可插入 Micro SD 卡。

⑩ Host 接口（USB-C）：预留接口。

⑪ 云台俯仰控制拨轮：拨动调节云台俯仰角度。

⑫ 录像按键：开始或停止录像。

⑬ 相机控制拨轮：默认控制相机平滑变焦，可在 DJI Fly 相机的"系统设置→操控→遥控器自定义按键"界面中，设置为其他功能。

⑭ 对焦 / 拍照按键：半按可进行自动对焦，全按可拍摄照片，短按可以返回到拍照模式（仅适用于录像模式）。

⑮ 扬声器：用来输出声音。

⑯ 摇杆收纳槽：用于放置摇杆。

⑰ 自定义功能按钮 C1：默认为"云台回中 / 朝下切换"功能，可在 DJI Fly 相机的"系统设置→操控→遥控器自定义按键"界面中，设置为其他功能。

⑱ 自定义功能按钮 C2：默认为补光灯，可在 DJI Fly 相机的"系统设置→操控→遥控器自定义按键"界面中，设置为其他功能。

1.3.3　控制好操作杆安全飞行

遥控器上摇杆的操控方式有 3 种，分别是"美国手""日本手"和"中国手"。遥控器出厂的时候，默认的操控方式是"美国手"。

什么是"美国手"呢？初次接触无人机的用户，可能听不懂这个词，"美国手"就是左摇杆控制飞行器的上升、下降、左转和右转，右摇杆控制飞行器的前进、后退、左移和右移，如图 1-10 所示。

"日本手"就是左摇杆控制飞行器的前进、后退、左转和右转，右摇杆控制飞行器的上升、下降、左移和右移，如图 1-11 所示。

"中国手"就是左摇杆控制飞行器的前进、后退、左移和右移，右摇杆控制飞行器的上升、下降、左转和右转，如图 1-12 所示。

在使用遥控器的过程中，大多数的飞手设置为"美国手"的操控方式。如果你的无人机不是设置为"美国手"，那么在外借他人的时候，一定要提前做好沟通，并更改摇杆的操控方式。假设用户设置的是"日本手"的摇杆操控方式，而大多数人喜欢向上推动左摇杆控制无人机上升，但在"日本手"操控方式下，向上推动左摇杆无人机会前进飞行，如果前方有障碍物或者路人的话，就会很容易造成无人机炸机或者出现伤人事件。

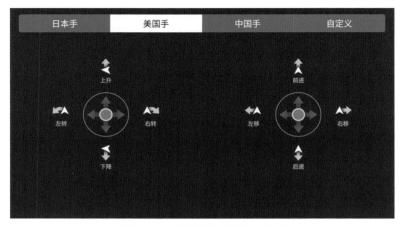

图1-10　"美国手"的操控方式

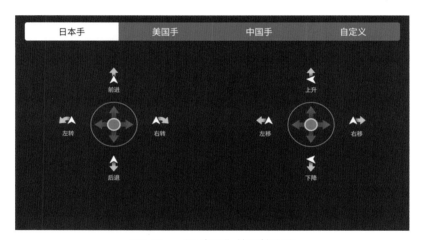

图1-11　"日本手"的操控方式

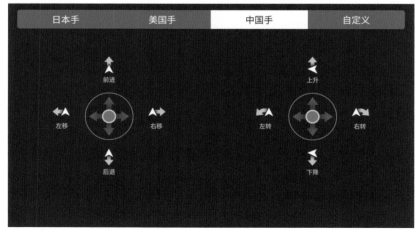

图1-12　"中国手"的操控方式

大家不要轻易更改摇杆的操控方式，最好是一种用到底，混用容易出现操作事故。

这里我们以"美国手"为例，介绍遥控器摇杆的具体操控方式，这是学习无人机飞行的基础和重点，希望用户可以熟练掌握。

下面介绍左摇杆的具体操控方式。

▶ 左摇杆向上推杆，表示飞行器上升。

▶ 左摇杆向下推杆，表示飞行器下降。

▶ 左摇杆向左推杆，表示飞行器向左逆时针旋转。

▶ 左摇杆向右推杆，表示飞行器向右顺时针旋转。

▶ 左摇杆位于中间位置时，飞行器的高度、旋转角度均保持不变。

飞行器起飞时，应该将左摇杆轻轻地往上推，让飞行器缓慢上升，慢慢离开地面，这样飞行才安全。如果用户猛地将左摇杆往上推，那么飞行器会急速上冲，很容易就会引起炸机的风险。

下面介绍右摇杆的具体操控方式。

▶ 右摇杆向上推杆，表示飞行器向前飞行。

▶ 右摇杆向下推杆，表示飞行器向后飞行。

▶ 右摇杆向左推杆，表示飞行器向左飞行。

▶ 右摇杆向右推杆，表示飞行器向右飞行。

▶ 在向上、向下、向左、向右推杆的过程中，推杆的幅度越大，飞行的速度越快。

温馨提示

我们在操控摇杆的过程中，应该养成缓慢推杆的操控习惯，保持飞行器的平稳飞行。可以把摇杆看成汽车上的油门，需要轻轻地踩它，汽车行驶才安全，如果踩油门太快，前面又有障碍物的话，就会容易发生撞车。

摇杆还有一个特别实用的功能，就是当飞行器发生故障时，左右双摇杆同时向下内掰或者外掰，可以使飞行器迅速在空中停桨，如图 1-13 所示，但是建议谨慎使用该功能。

图1-13　左右双摇杆同时向下内掰或者外掰

1.3.4 掌握螺旋桨的安装技巧

扫码看视频

大疆 Mavic 3 Pro 无人机使用降噪快拆螺旋桨，桨帽分为两种，一种是带灰色圆圈标记的螺旋桨，另一种是不带灰色圆圈标记的螺旋桨，如图 1-14 所示。

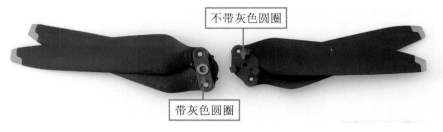

图1-14　带灰色圆圈标记和不带灰色圆圈标记的螺旋桨

1. 安装方法

将带灰色圆圈的螺旋桨安装至带灰色标记的电机桨座上，如图 1-15 所示；将不带灰色圆圈的螺旋桨安装至不带灰色标记的电机桨座上，如图 1-16 所示。

图1-15　带灰色标记的电机桨座

图1-16　不带灰色标记的电机桨座

将桨帽对准电机桨座的孔，如图 1-17 所示，按压将其嵌入电机桨座并继续按压到底，再沿边缘顺时针旋转螺旋桨到底，松手后螺旋桨将弹起锁紧，如图 1-18 所示。一定要检查螺旋桨有没有锁紧。

图1-17　将桨帽对准电机桨座上的孔

图1-18　螺旋桨将弹起锁紧

2．拆卸方法

当我们不使用无人机时，可以将无人机收起来，在折叠收起的过程中，需要将螺旋桨也收起来，这样可以防止螺旋桨伤到人。拆卸螺旋桨的方法很简单，只需要用力按压桨帽到底，然后沿螺旋桨所示锁紧方向反向旋转螺旋桨，就可以将其拆卸下来。

1.3.5　认识无人机的电池设备

DJI Mavic 3 智能飞行电池是一款带有充放电管理功能的电池，电池容量为 5000mAh，额定电压为 15.4V，这款电池采用高能电芯，并使用先进的电池管理系统。我们在购买无人机的时候，飞行器本身会自带一块电池，如果用户升级了购买套餐，那么就会多两块电池，用户在使用飞行器的时候可以交替使用电池。图 1-19 所示为 DJI Mavic 3 智能飞行电池。

图1-19　DJI Mavic 3智能飞行电池

在飞行时一块电池只能用 30 分钟左右，那么如何正确使用电池，从而延长电池的使用寿命呢？下面介绍使用和保管电池的注意事项。

（1）无人机在室外飞行的过程中，不能将电池长时间置于太阳下，特别是炎热的夏天，室外的温度比较高，电池能承受的最高温度是 40℃。

（2）无人机中的电池使用完后，不要急于给电池充电，因为刚使用完的电池还处于发热状态，要等电池完全冷却后，再给电池充电，这样可以延长电池的使用寿命。如果我们对一块发热的电池反复充电，电池的寿命将大大缩短，这一点要注意。

（3）当飞行器中的电池电量低于 20% 的时候，无人机会有自动返航提示，这个时候最好停止飞行，让无人机安全降落。如果电池电量低于 10%，无人机将自动按照先前设定的返航点进行安全降落。

（4）电池需要放在阴凉通风的地方保存，如果用户有很长一段时间不使用无人机，电池中就要留一些余电在里面，不要把电全部放干净，也不能将电池充满电进行保存，这两种方式都是不对的。

（5）冬天温度较低的时候，电池会慢慢放电，比如无人机的电池刚充满电，由于室外温度较低，充电之后的 3 天你都没有使用无人机飞行，等第 4 天你准备飞行的时候，却发现电量只有 60% 了。这是由于气温低导致电池自动放电，用户需要重新把电池充满之后，再飞无人机。

（6）如果我们要带着无人机出远门，也不要把电池充满电，而且要给电池装上保护套，以保护电池的安全。如果我们要上飞机，电池一定要记得放入随身携带的背包中，而不能放入托运的行李中，航空公司是禁止托运锂电池的。

（7）电池的最佳充电温度范围为 25±3℃，在此温度范围内充电可延长电池的使用寿命。对于不经常使用的无人机，建议用户每隔 3 个月左右充一次电，以保持电池活性。在 DJI Fly 相机的"系统设置→操控→电池信息"界面中可以查看电池的电芯状态、电池序列号和电池循环次数等信息，如图 1-20 所示。

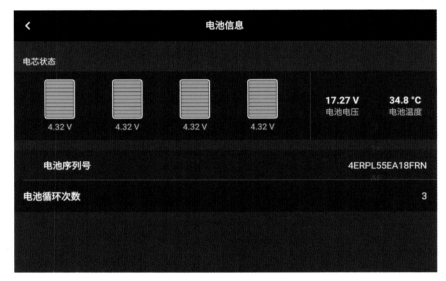

图1-20　查看电池信息

1.3.6　检查电量并正确充电

在智能飞行电池关闭状态下，短按电池开关一次，可查看当前的电量，如图 1-21 所示，一共有 4 格电，满格代表满电，亮几格灯则代表剩余多少电量。

为智能飞行电池充电的方式主要有两种。一种是用 100W 的桌面充电器或者 65W 的便携充电器充电，如图 1-22 所示。这种充电方式的好处是方便，不用拔出飞行器中的电池，但充电的速度可能会慢一些，也只能为单个电池充电，不能一次性充满几个电池的电量。

另一种充电方式是把 100W 充电管家与 100W 的桌面充电器搭配在一起充电，如图 1-23 所示。充电管家会根据电池的电量由高到低依次为电池充电，这种充电方式的优点是一次性就能充满 3 块电池，缺点则是需要烦琐地拔出和安装电池。电池亮绿色指示灯的时候，代表无人机正常充电；充满电则不亮灯；黄灯闪烁代表电池温度过高；红色则代表充电异常。

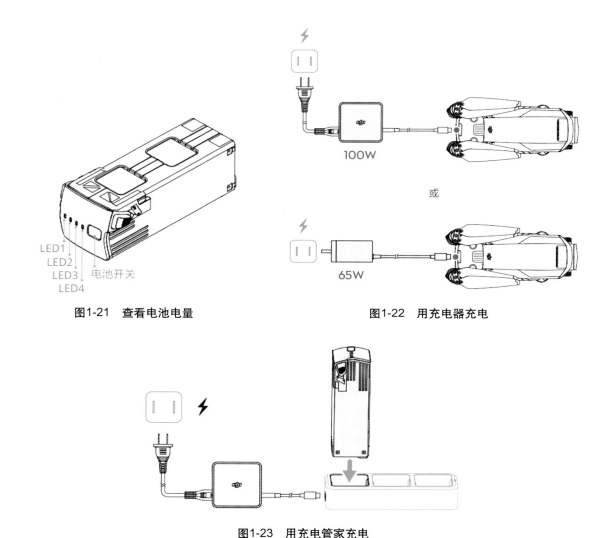

图1-21　查看电池电量　　　　　　　　图1-22　用充电器充电

LED1
LED2
LED3　电池开关
LED4

100W

或

65W

图1-23　用充电管家充电

　　用充电器充电的时候，需要关闭电池的电源再充电，也尽量不要在电池发热的时候充电。当电量指示灯全部熄灭的时候，表示电池已充满电了，需要及时把电池与充电器断开。充满单块电池的时间大约为 1 小时。

　　我们在为电池充电的时候，一定要选择通风条件好的地方。如果室内温度低于 5℃，就会出现给电池充不进电的情况。

1.3.7　认识云台相机

　　近年来，随着无人机产品的不断更新和进步，无人机中的三轴稳定云台为无人机相机提供了稳定的平台，即使无人机在天空中高速飞行的时候，也能拍摄出清晰的照片和视频。

　　大疆 Mavic 3 Pro 云台相机可控角度范围为俯仰 -90°至 35°，平移 -5°至 5°。

　　无人机在飞行的过程中，用户有两种方法可以调整云台的角度，一种是通过遥控器上的云台俯仰拨轮，调整云台的拍摄角度；另一种是在 DJI Fly App 的相机界面中，长按图传屏幕直至出现云台角度控制条，再通过上下或左右拖曳的方式，调整云台的俯仰、平移角度。

　　根据拍摄需求，云台可在跟随模式和 FPV（first person view，第一人称主视角）模式下工作，以拍摄出用户需要的照片或视频画面。图 1-24 所示为大疆 Mavic 3 Pro 的云台相机。

图1-24　大疆Mavic 3 Pro的云台相机

温馨提示

　　云台是非常脆弱的设备，我们在操控云台的过程中，需要注意的是：在开启无人机的电源后，切勿再碰撞云台，以免云台受损，导致云台性能下降。另外，在沙漠地区使用无人机时，注意不能让云台接触沙石，如果云台进沙了，就会造成云台活动受阻，这同样会影响云台的性能。

　　大疆 Mavic 3 Pro 云台上有 3 款相机，可在多个焦段间自如切换，以适应各种场景的拍摄构图。主相机是哈苏相机，采用 4/3CMOS，有效像素 2000 万，支持原生 12.8 挡动态范围和 f/2.8 至 f/11 可变光圈，最高可稳定拍摄 5.1K 的超高清视频，并且支持拍摄 10 bit D-Log 视频。

　　中长焦相机采用 1/1.3 英寸 CMOS，可拍摄 3 倍光学变焦的 4K 视频及 4800 万像素的照片，也可捕捉最高 7 倍数字变焦的影像。

　　长焦相机采用 1/2 英寸 CMOS，可拍摄 7 倍光学变焦的 4K 视频及 1200 万像素的照片，混合变焦高达 28 倍。用户可以根据拍摄需要切换焦段，在拍摄时也需要保持相机的清洁。

第2章　无人机炸机风险与危机处理

章前知识导读

　　飞行在一定程度上存在着风险，虽然大疆 Mavic 3 Pro 无人机有全向避障功能，但是操作不当的话，还是可能会炸机。所以，预防炸机、降低飞行风险，是每个飞手都要掌握的技能，甚至和学会飞行技能一样重要，而且无人机都是比较贵的，炸机的经济损失也大。本章主要带领大家学习无人机炸机风险的危机处理。

新手重点索引

▶ 禁飞区：无人机不能飞的地方　　　　▶ 起飞前：了解容易炸机的环境

▶ 起飞时：了解容易炸机的因素　　　　▶ 升空时：了解容易炸机的因素

▶ 飞行时：了解容易炸机的因素　　　　▶ 降落时：了解容易炸机的因素

▶ 丢失时：如何找回飞丢的无人机

2.1 禁飞区：无人机不能飞的地方

我们首先要知道无人机不是所有地方都可以飞行，无人机也有禁飞区，如机场、军事禁区以及政府机关等地方都是禁止飞行的。

2.1.1 机场和党政机关、军事禁区等

近几年，出现了一系列的无人机"黑飞"事件，特别是机场，属于"重灾区"，无人机干扰航班正常起降的新闻屡见不鲜。2017 年 4 月 26 日，成都双流机场发生"无人机扰航"事件，共造成 22 个航班备降；2017 年 5 月 1 日，昆明长水国际机场北端受到无人机扰航影响，导致至少 8 个航班备降。

党政机关、军事禁区等上空也属于禁飞区。2020 年 4 月 9 日，有 3 个人在长沙的军用机场净空保护区"黑飞"拍宣传片，各被罚了 200 元。

无人机的"黑飞"事件对公共安全造成了直接的威胁，随之国家也出台了一系列针对无人机等"低慢小"航空器的专项整治方案，对于违法飞行无人机的行为进行严抓严打，情节严重者还可能构成犯罪，将被依法追究刑事责任。所以，机场和党政机关、军事禁区等禁飞区的上空，千万不能飞。

在 DJI Fly App 的主页中点击"飞行区｜附近航拍点"按钮，进入到"地图"界面中，就可以查看禁飞区，机场禁飞区呈红色糖果的形状显示，党政机关、军事禁区等禁飞区呈红色圆形的形状显示。

不过有些禁飞区不一定会在地图上显示，比如机密的军事基地，就不会在地图上详细标注区域，如果你在这些区域上方飞行，不仅信号会受到雷达的干扰，导致炸机，还有可能会被"打"下来，没收飞行器或者存储卡。

如果要在禁飞区飞行，最好提前进行报备，审批通过之后才不会是"黑飞"。

2.1.2 人群密集的地方

如果你是航拍新手，尽量不要在有人的地方飞行，以免造成他人的损伤。因为新手在有人的地方会过于紧张，双手控制摇杆方向时容易出错。而且人群密集的地方也是禁止飞行的，所以新手在练习飞行技术的时候，一定要找一大片空旷的地方练习，等自己的飞行技术达到一定的水平了，再挑战复杂一点的航拍环境。

现在大疆 Mavic 3 Pro 无人机有了变焦功能，用户可以用 3 倍焦段远距离航拍人群，如图 2-1 所示，这样就能避免无人机飞到人群密集的地方。

图2-1　用3倍焦段远距离航拍人群

2.2　起飞前：了解容易炸机的环境

在起飞前，我们需要找一个周围宽阔的飞行环境，防止无人机出现炸机，还要提前规划好，以降低经济损失。

2.2.1　室内飞行有风险

在室内飞行无人机，需要具备一定的水平，因为室内 GPS 信号较差，无人机主要依靠光线进行定位，处于"视觉定位"飞行状态模式，在飞行中极不稳定，稍有不慎就有可能出现无人机撞到家具或者墙壁的情况。在降落的时候，无人机也会认为电器、家具等物件是障碍物，在开启避障模式的情况下，是很难使其正常降落的。所以，不建议用户在室内飞行。

2.2.2　无 GPS 信号的地方

如果遥控器画面中提示 GPS 信号弱，就说明当前的飞行环境对信号有干扰。当无人机的 GPS 信号丢失后，无人机会自动进入视觉定位模式，这个时候一定要保持镇定，轻微调整摇杆，以保持无人机的稳定飞行，然后尽快将无人机飞出受干扰的区域，当无人机离开干扰区域后，就会自动恢复 GPS 信号。

没有 GPS 信号对无人机来说是非常危险的，如果是在晚上，无人机避障功能也失效的情况下，那么无人机离炸机就不远了。

2.3　起飞时：了解容易炸机的因素

很多新手在起飞的时候就炸机了，这是因为他们不熟悉起飞的注意事项，所以，接下来我们详细讲解起飞时有哪些炸机风险，以便进行规避。

2.3.1　无人机的摆放方向不对

我们在起飞和摆放无人机时，一定要注意，无人机的相机朝向要与人所面对的方向相同，这样打杆的方向才是一致的，向上推右摇杆，无人机往前飞；如果无人机的镜头与人的朝向相反，并放置在人的前方，那么向上打右摇杆的时候，无人机将会朝着人站着的方向飞，会直接撞到人身上。

2.3.2　无人机起飞时总提示指南针异常

如果无人机的周围有很多铁栏杆和信号塔，就会对无人机的信号和指南针造成干扰，如果在异常情况下起飞，会给无人机的安全造成很大的影响。这个时候，建议用户换一个比较空旷、干净的地方起飞无人机，指南针异常的提示就会消失。所以，四周有铁栏杆和信号塔的地方，不适合起飞。

2.3.3　螺旋桨直接射出

我们在短视频平台上，经常看到有用户发炸机的短视频，也是无人机刚起飞不久，螺旋桨就直接射出去了。

这个就告诉我们，在起飞前一定要检查螺旋桨的桨叶是否卡紧。有时候无人机借出去给别人用，拿回来的时候一定要检查。安装螺旋桨时，一定要按下、旋转之后再提一下，检查有没有卡紧。在飞行之前检查好，这样可以降低炸机概率。

2.4　升空时：了解容易炸机的因素

当无人机安全起飞后，在升空的过程中，也存在一定的炸机风险。比如在上升过程中遇到了信号塔以及高大建筑等，当我们遇到这些情况的时候，该怎么办？

2.4.1　遇到信号塔谨慎飞行

几个月前，为了能够就近航拍跨江大桥，笔者把无人机放在大桥避雷针下方的平地上起飞，可是飞行状态栏一直提示指南针异常，按照提示校准指南针之后，图传画面还是不稳定，最后只能放弃飞行，寻找新的场地起飞无人机。

无人机起飞的四周有铁栏杆、信号塔或者高大建筑物的话，会对无人机的信号和指南针造成干扰。有高压线的地方，也不适合飞行，如图 2-2 所示。

高压电线对无人机产生的电磁干扰非常严重，而且离电线的距离越近，信号干扰就越大，所以我们不要到有高压线的地方去飞行。如果在异常的情况下起飞，会对无人机的安全造成很大的影响。

在农村地区，高压线非常密集，遥控器的图传屏幕有时会看不到这些细小的高压线，无人机就很容易撞上去。所以，这些地方都非常危险。

图2-2　有高压线的环境

2.4.2　高大建筑、高压线附近需谨慎飞行

笔者有一个朋友，刚买无人机不久，想着在城里飞一下，练练技术。城里的高楼大厦很漂亮，玻璃幕墙特别高档。于是他就把无人机飞到了 CBD（central business district，中央商务区）高楼之间穿梭，拍摄出来的画面很漂亮，可是突然之间无人机就撞上了玻璃，直接炸机摔下来。

无人机在 CBD 高楼间飞行时，玻璃幕墙很容易影响无人机接收信号。无人机在室外飞行时，是依靠 GPS 信号定位的，一旦信号不稳定，无人机在空中就会失控。特别是当无人机穿梭在楼宇间，飞手有时候是看不到无人机的，只能通过图传屏幕看到无人机前方的情况，上下左右都没法看到，这个时候如果无人机的左侧有玻璃幕墙，而飞手在不知道的情况下直接将无人机向左横移，那么无人机就会直接撞上玻璃幕墙，导致炸机。

新手在操控无人机的时候，一定要保证无人机在可视范围内飞行，因为很多情况和环境因素都无法预测，再加上自己的经验不足，很容易炸机。另外，我们要在 DJI Fly App 的"安全"设置界面中，选择"刹停"的避障行为，并开启"显示雷达图"功能，如图 2-3 所示，如果无人机在飞行中检测到了障碍物，将会显示雷达图，并自动悬停。

2.5　飞行时：了解容易炸机的因素

无人机在飞行的过程中，也会遇到很多炸机风险，及时了解这些炸机的因素，可以帮助你规避炸机的风险。

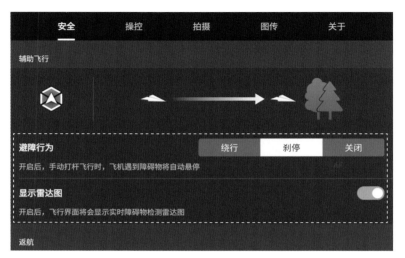

图2-3　选择"刹停"的避障行为，并开启"显示雷达图"功能

2.5.1　山区和海拔超 6000 米的环境

有些飞手在高山上飞无人机，想航拍清晨山区中云雾缭绕的画面，也想围着某座单独的山峰航拍一圈，结果无人机飞到山峰背面的时候，GPS 突然没有信号了，图传画面也没有显示，最后无人机由于失控导致炸机。

我们在山区飞行的时候，一般情况下，GPS 信号还是比较稳定的，如果是贴着陡崖或者峡谷飞行，那么就会影响 GPS 信号的稳定性。所以，我们在山区飞行的时候，一定要时刻观察周围的环境。

山区的天气不太稳定，在海拔比较高的山区中还经常下雨、下冰雹，而且气流也不稳，上升、下降时都会使无人机摇摇晃晃，对于这种恶劣的环境和天气，一定要提前收起无人机。还有，不能在海拔 6000 米以上地区起飞，因为在高海拔地区飞行，多种环境因素会导致飞行器电池及动力系统性能下降，飞行性能会受到影响。

2.5.2　大风、雨雪雷电天气谨慎飞行

笔者和同事去海边拍风光片，当天的天气不太好，无人机在空中没飞多久，就开始有大风了，眼看着风力越来越大，还有雷声，笔者就赶紧将无人机收起来了，但是同事还要飞，后来风力越来越大，无人机被风越吹越远，怎么操作也飞不回来了，双桨也失去了平衡，摇晃得厉害，最终炸机。

如果室外的风速达五级以上，那就是大风，陆地上的小树会摇摆，这个时候如果飞无人机，就很容易被风吹走，在大风中飞行也十分困难，这样的恶劣天气，是不适合无人机飞行的。

当无人机不受遥控器的控制时，就会乱飞，极易炸机。还有大雨、大雪、雷电、大雾的天气，也不能飞。大雨、大雪容易把无人机淋湿；雷电天气容易炸机；有雾的天气会阻碍视线，而且拍

摄出来的片子也没那么清晰、好看。

在大风中飞行，如果风速过大，屏幕中会有强风警告信息，提示用户需要安全飞行。如果大家一定要在大风中飞行，拍摄一些特殊的画面，那么建议在 DJI Fly App 相机界面中点击左下角地图框中的　按钮，打开姿态球，如图 2-4 所示。风大的时候一定要密切监视无人机的姿态，姿态球倾斜达到极限时，一定要尽量返航或悬停，避免炸机。

图2-4　打开姿态球

2.6　降落时：了解容易炸机的因素

无人机在降落的过程中，又会有哪些炸机风险呢？比如降落的位置一定要平整和安全，下降的过程中不能有障碍物（如树枝、建筑物等）。在飞行无人机的过程中，每一个细节都要留意，否则一不小心就会有炸机的风险。

2.6.1　降落位置的地面凹凸不平

如果无人机降落位置的地面凹凸不平，会直接导致无人机侧翻，螺旋桨受到不同程度的损伤。

所以我们在降落无人机的时候，一定要选择平整、空旷的地方降落，如果实在没办法，也要选择一片草地下降，这样也能减少无人机的损伤。

与起飞一样，无人机降落也可以带垫子，让无人机降落在垫子上。如果实在不行的话，可以学会手持降落的方式，这样就不用找降落点了，不过也需要小心，防止桨叶割伤手。

2.6.2　在降落时认错了无人机

有时大家使用相同品牌或者型号的无人机,这就会很容易认错。当我们手动降落无人机的时候，看到没有反应的无人机，就会误以为是自己的无人机失灵，因此胡乱操作，从而导致自己的无人机失控炸机。

当我们的飞友有着与自己的型号相同的无人机时，我们可以在无人机的轴臂上贴上贴纸作为标志。假如在降落或者飞行期间认不出自己的无人机了，我们首先要保持冷静，分析图传画面，再判断无人机的飞行方向和位置；或者开启智能返航功能，让无人机飞到起飞点的上空。

2.7 丢失时：如何找回飞丢的无人机

如果无人机在飞行时突然失联，没有任何信号，按遥控器也没有用，可以按照下面这两个方法去找寻无人机，本节将为大家介绍具体的操作方法。

2.7.1 通过地图找回

扫码看视频

如果用户不知道无人机失联前在天空中的哪个位置，此时可以在 DJI Fly App 的"安全"设置界面中，选择"找飞机"选项，如图 2-5 所示，进入"找飞机"界面。

图2-5 选择"找飞机"选项（1）

下面介绍一种进入"找飞机"界面中的方法。

STEP 01 在 DJI Fly App 主界面中点击"我的"按钮，如图 2-6 所示，进入"我的"界面。

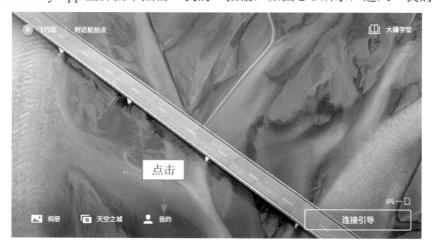

图2-6 点击"我的"按钮

STEP 02 在"我的"界面中选择"找飞机"选项，如图 2-7 所示。

图2-7　选择"找飞机"选项（2）

STEP 03 进入相应的地图界面，放大地图，就可以查看飞行器最后降落的位置和失联坐标，如图 2-8 所示，等自己靠近飞行器的位置时，可以试着选择"启动闪灯鸣叫"选项。

图2-8　查看飞行器最后降落的位置和失联坐标

扫码看视频

2.7.2　通过手机找回

除了上面的方法，我们还可以在手机里面安装一个"奥维互动地图"软件，它可以精确地帮我们找回丢失的无人机。下面介绍具体方法。

STEP 01 进入手机界面，点击"奥维互动地图"软件，如图 2-9 所示。

STEP 02 进入相应界面，点击"搜索"按钮，如图 2-10 所示。

STEP 03 输入相应的地址或经纬度，如图 2-11 所示，即可找到无人机。

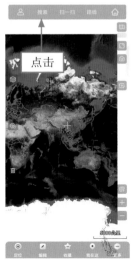

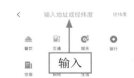

图2-9　点击"奥维互动地图"软件　　图2-10　点击"搜索"按钮　　图2-11　输入地址或经纬度

温馨提示

在"找飞机"界面中的左下角会有经纬度信息，这就是无人机失联前的最后坐标。

STEP 03 在弹出的界面中输入手机号码；勾选"我已阅读并同意大疆创新的用户协议、隐私通知和信息授权"复选框；点击"下一步"按钮，如图 3-7 所示。

图3-7　点击"下一步"按钮

STEP 04 然后在弹出的界面中输入密码；点击"登录"按钮，如图 3-8 所示。

图3-8　点击"登录"按钮

STEP 05 弹出"登录成功"提示；点击"更多飞行数据"按钮，如图 3-9 所示。

STEP 06 进入"飞行数据中心"界面，弹出"飞行记录云备份"对话框，如图 3-10 所示，用户可以点击"开启"云备份飞行记录，在"飞行数据中心"界面中还可以查看过往的飞行记录。

图3-9　点击"更多飞行数据"按钮

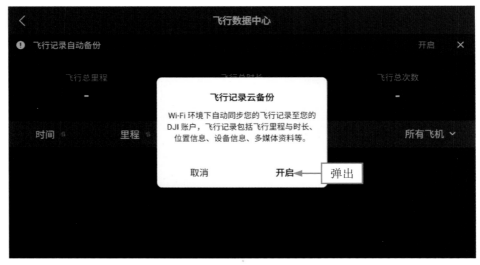

图3-10　弹出"飞行记录云备份"对话框

3.2　界面：熟悉 DJI Fly App

启动 DJI Fly App 之后，会自动进入其主界面，熟悉 App 的主要功能，对于熟练飞行非常有帮助。

3.2.1　认识主界面

主界面是我们一启动 DJI Fly App 就见到的界面，了解 DJI Fly App 主界面上的按钮和功能，可以帮助我们更好地使用这款软件，下面带大家一起认识主界面，如图 3-11 所示。

扫码看视频

图3-11　DJI Fly App主界面

下面详细介绍 DJI Fly App 主界面上各按钮的功能。

❶"飞行区｜附近航拍点"：点击该按钮，即可查看或分享附近合适的飞行或拍摄地点，了解限飞区域的相关信息，以及预览不同地点的航拍图集等。

❷"大疆学堂"：点击该按钮，即可进入大疆学堂，可选择产品类型，查看相应产品的功能教程、玩法攻略、飞行安全指南和产品说明书。

❸"相册"：点击该按钮，即可访问飞行器相册及本地相册。

❹"天空之城"：点击该按钮，即可观看天空之城中的精彩视频及图片。

❺"我的"：点击该按钮，即可查看账户信息及飞行记录；访问 DJI 论坛、DJI 商城；使用寻找飞机功能；下载离线地图；以及进行其他设置，如固件更新、飞行界面定制、清除缓存、隐私、语言选项等。

❻"连接引导"：点击该按钮，即可连接飞行器；如果飞行器已经连接，点击该按钮，即可进入相机界面。

温馨提示

在 DJI RC 遥控器上的相册界面中不能创作视频，只有手机版 DJI Fly App 中的相册界面才有"创作"功能，用户可以套用模板将素材制作成视频，也可以自行剪辑视频。

3.2.2　认识快捷面板

在 DJI RC 遥控器上启动 DJI Fly App，进入主界面后，从屏幕顶部边缘连续向下滑，就可以进入快捷界面，如图 3-12 所示。

扫码看视频

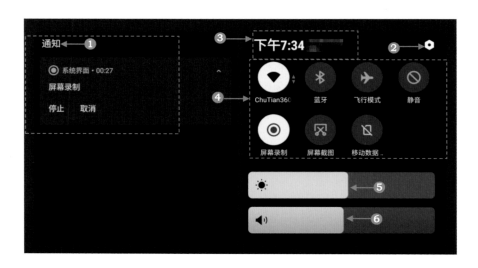

图3-12　快捷面板

下面详细介绍快捷界面的功能。

❶ 通知：下方显示了系统通知，点击▣按钮即可清除通知。

❷ 系统设置：点击◉按钮可进入"系统设置"菜单，可进行网络、蓝牙、声音等系统设置，并且可以查看功能指南，快速了解遥控器按键及指示灯信息。

❸ 时间日期：查看时间和日期。

❹ 快捷方式栏：点击 WLAN 按钮可开启／关闭 Wi-Fi（Wireless Fidelity，无线网络）网络，长按可选择或设置需要连接的 Wi-Fi 网络；点击"蓝牙"按钮可开启／关闭蓝牙连接，长按可进行蓝牙连接设置；点击"飞行模式"按钮可开启／关闭飞行模式，开启时会关闭 Wi-Fi 和蓝牙功能；点击"静音"按钮开启静音，可屏蔽系统消息弹窗，并完全关闭遥控器提示音；点击"屏幕录制"按钮可开启／关闭录屏功能，但需要插入 SD 卡后才可使用；点击"屏幕截图"按钮可以对当前画面进行截屏，但需要插入 SD 卡后才可使用；点击"移动数据"按钮可以开启数据流量，不过要插入 SIM（Subscriber Identity Module，客户识别模块）卡后才可使用。

❺ 屏幕亮度调节：拖动滑动条可调节屏幕亮度。

❻ 音量调节：拖动滑动条可调节媒体音量。

温馨提示

快捷面板中的屏幕截图功能无法截取快捷面板中的画面，而录屏功能则可以录制快捷面板的画面。

3.2.3　认识相机界面

认识 DJI Fly App 相机界面中各按钮和图标的功能，可以帮助我们更好地掌握无人机的飞行技巧。在 DJI Fly App 主界面中，点击 GO FLY 按钮，即可进入 DJI Fly App 相机界面，

扫码看视频

如图 3-13 所示。

图3-13　DJI Fly App相机界面

下面详细介绍 DJI Fly App 相机界面中各按钮 / 图标的含义及功能。

❶ 返回按钮<：点击该按钮，可返回到 DJI Fly App 的主界面中。

❷ 飞行挡位：当前的挡位是"普通挡"，可在 RC 遥控器上切换挡位至"平稳挡"或"运动挡"。

❸ 飞行器状态指示栏：显示飞行器的飞行状态以及各种警示信息，当前显示"飞行中"。

❹ 航点飞行按钮：点击该按钮，可开启 / 退出航点飞行模式。

❺ 智能飞行电池信息栏：显示当前智能飞行电池电量百分比和剩余可飞行时间，点击该图标可查看更多关于电池的信息。

❻ 图传信号强度：显示当前飞行器与遥控器之间的图传信号强度，点击该图标，可查看信号强度的详细信息。

❼ 视觉系统状态：图标左边部分显示水平全向视觉系统状态，右边部分显示上、下视觉系统状态；白色图标表示视觉系统工作正常，而红色图标表示视觉系统关闭或工作异常，这将导致无法躲避障碍物。

❽ GNSS 状态：显示 GNSS 信号强弱，点击该图标，可查看具体 GPS 信号的强度。当图标显示为白色时，表示 GNSS 信号良好，可刷新返航点；当图标显示为红色时则需要谨慎飞行。

❾ 系统设置按钮：系统设置包括安全、操控、拍摄、图传等选项，详情见下一节。

❿ 拍摄模式按钮：点击该按钮，可以设置具体的拍摄模式。

⓫ 对焦条：提供 1 倍、3 倍、7 倍变焦选项，在探索模式下，可支持 28 倍变焦。

⓬ 拍摄按钮：点击该按钮，可触发相机拍照或开始 / 停止录像。

⓭ 对焦按钮：点击该按钮，可切换对焦方式（有 AF/MF），长按该按钮，可调出对焦条。

⓮ 回放按钮：点击该按钮，可查看已拍摄的视频及照片。

⑮ 相机挡位切换按钮 [AUTO]：在拍照模式下，支持切换 Auto 和 Pro 挡，不同挡位下可设置的参数不同。

⑯ 曝光值 [EV 0.0]：数值为 0 时表示曝光正常；负值表示画面暗；正值过高则表示曝光过度。

⑰ 拍摄格式 [格式 RAW]：显示当前的拍摄格式，点击该图标，即可选择 JPEG、RAW、J+RAW 格式。

⑱ 存储信息栏 [存储 9999]：显示当前 SD 卡及机身的存储容量，点击该图标，可查看详情。

⑲ 飞行状态参数 [4.6m/s 0.0m/s H 48m D 0.3m]：显示飞行器与返航点在水平方向的距离（D）和速度，以及在垂直方向的距离（H）和速度。

⑳ 地图 [图标]：点击该按钮可打开地图面板，或者切换至姿态球。在姿态球模式下系统会以飞行器遥控器为中心，显示飞行器的机头朝向、倾斜角度，以及遥控器和返航点位置等信息。

㉑ 自动起飞/降落/智能返航按钮 [图标]：在自动起飞/降落模式下，点击该按钮，展开控制面板，长按可以使飞行器自动起飞或降落；在智能返航模式下，点击该按钮，展开控制面板，然后长按，让飞行器自动返航降落并关闭电机。

温馨提示

在 DJI Fly App 相机界面中，除了点击相应的按钮或者图标进行操作之外，还可以对画面进行快捷操作，下面介绍 3 种常用的画面快捷操作方法。

（1）在飞行过程中，连续点击画面上的兴趣点两次，飞行器会自动转动云台相机，将该点置于画面中心；

（2）在 DJI Fly App 相机界面中长屏幕，可以调出云台角度控制条，然后在屏幕中上下左右拖曳，可以控制云台的俯仰或水平旋转角度；

（3）点击屏幕可激活点对焦/点测光功能，在不同的拍摄模式下，点击屏幕将激活相应的对焦/测光模式。

3.3 设置：DJI Fly App 的系统设置

DJI Fly App 的系统设置中有 5 个界面，本节将详细介绍这 5 个界面中的设置。

3.3.1 安全设置

点击系统设置按钮 [图标]，进入"安全"设置界面，部分设置如图 3-14 所示，下面对相应的设置进行详细的介绍。

❶ 辅助飞行：在避障行为设置中选择"绕行"或"刹停"选项后，处在手动操控飞行情况下的飞行器，将启动水平全向视觉系统；若选择"关闭"选项，飞行器将禁用自动避障功能。开启"显示雷达图"功能后，相机界面将显示实时障碍物检测雷达图。

❷ 返航：可设置返航路线、返航高度和更新返航点，将返航高度设定在 100 米左右，是一个较为安全的选择。

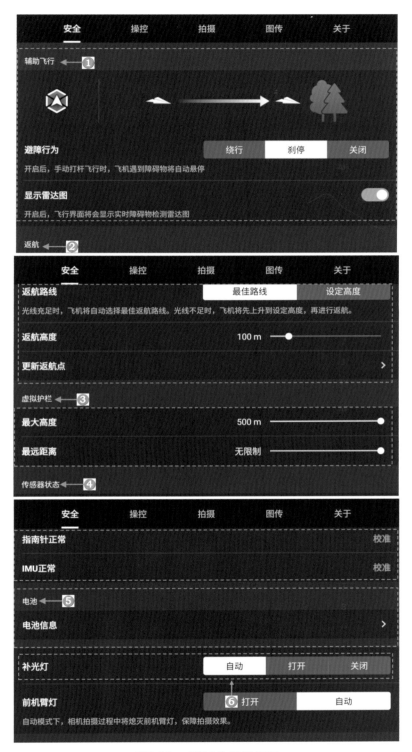

图3-14　"安全"设置界面

图3-14 "安全"设置界面（续）

❸ 虚拟护栏：设置飞行的最高高度和最远距离，在非限高区，最高高度可以设置为500m；在限高区，最高高度可设置为130m。

❹ 传感器状态：可查看指南针和IMU（Inertial Measurement Unit，惯性测量单元）的状态，如果有异常，一定要按系统提示进行校准。

❺ 电池：点击▶按钮，可以查看电池的信息详情，包括电芯状态、电池序列号和电池的循环次数。

❻ 补光灯：可切换补光灯的自动、打开或关闭状态，未起飞时请勿打开补光灯。

❼ 前机臂灯：可设置为打开或自动模式，在自动模式下，相机在拍摄的过程中，前机臂灯会自动熄灭，保障拍摄效果。

❽ 飞行解禁：点击▶按钮，可查看飞行解禁相关信息。

❾ 找飞机：利用地图定位或使飞行器闪灯和鸣叫，以此查找飞行器的位置。

❿ 安全高级设置：若遥控器信号丢失，飞行器将自动进入返航模式；空中紧急停桨设置需要谨慎使用，因为空中停机将造成飞行器坠毁；Air Sense（飞行感应）开启后，DJI Fly将在检测到附近空域有载人飞机时，发出警示。

3.3.2 操控设置

点击"操控"按钮，可以进入"操控"设置界面中，部分设置如图3-15所示，下面将对相应的设置进行详细的介绍。

❶ 飞机：可设置公制或英制单位；可开启"目标扫描"开关，开启后飞行器将自动扫描目标并显示预选目标点；在"操控手感设置"中可设置飞行器最大水平速度、最大上升速度、最大下降速度、最大转向速度、转向平滑度、刹车灵敏度及Exp曲线、云台最大俯仰速度和俯仰平滑度。

❷ 云台：设置"云台模式"，包括"跟随模式""FPV模式"，进行云台校准并控制云台回中或

朝下操作。

③ 遥控器：可选择"摇杆模式"（日本手、美国手、中国手、自定义）；可进行"遥控器自定义按键"功能设置；可进行"遥控器校准"。

④ 室外飞行教学：点击▶按钮，可以观看室外飞行教学视频。

⑤ 重新配对（对频）：如果遥控器未与飞行器配对，就要点击该按钮重新进行配对。

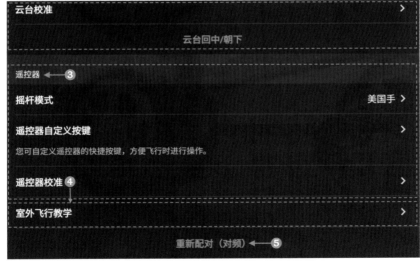

图3-15　"操控"设置界面

3.3.3　拍摄设置

不同的拍摄模式下的"拍摄"设置界面会有细微的区别。本小节主要介绍录像模式和拍照模式下的"拍摄"设置界面。

1. 录像模式

点击"拍摄"按钮，可以进入"拍摄"设置界面。如果相机是在录像模式下，那么设置界面会有部分变化，如图 3-16 所示，下面将对部分设置进行详细的介绍。

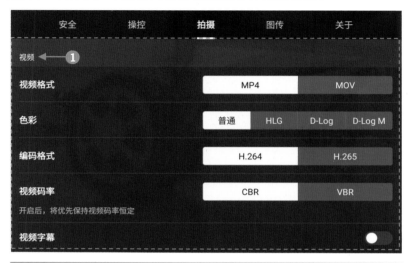

图3-16 "拍摄"设置界面

❶ 视频：可以设置视频格式、色彩、编码格式和视频码率，也可以选择关闭视频字幕。

❷ 通用：包括设置抗闪烁、峰值等级和白平衡，开启 / 关闭直方图、过曝提示和辅助线功能。

2. 拍照模式

在拍照模式下，设置界面会有部分变化，如图 3-17 所示，下面将对部分设置进行详细的介绍。

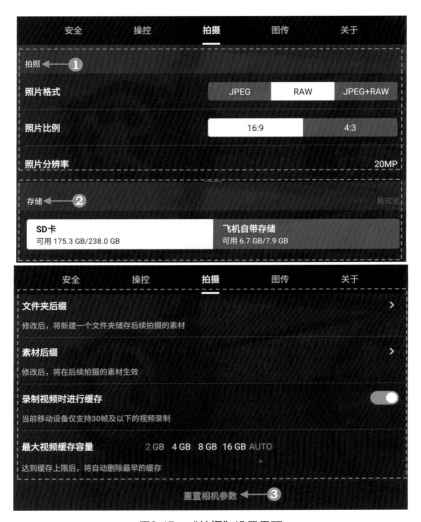

图3-17　"拍摄"设置界面

❶ 拍照：可以设置照片格式、照片比例和照片分辨率，用户根据后期需要和喜好设置即可。

❷ 存储：设置存储位置为 SD 卡或者飞机自带存储；通过设置文件夹后缀，系统将会新建一个文件夹用于存储后续拍摄的素材，修改后将应用于后续拍摄的素材中；可以开启 / 关闭录制视频时进行缓存的功能；还可以设置最大视频缓存容量，达到缓存上限后，将自动删除最早的缓存文件。

❸ 重置相机参数：点击该按钮，可将相机参数恢复至出厂设置。

3.3.4　图传设置

点击"图传"按钮，可以进入"图传"设置界面中，如图 3-18 所示，在其中可以设置图传频段和信道模式。

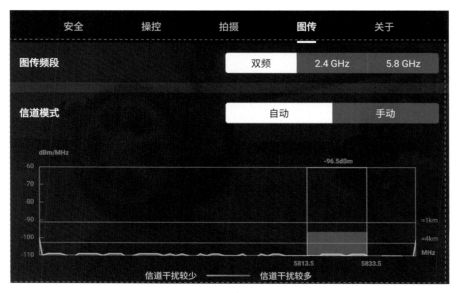

图3-18 "图传"设置界面

3.3.5 关于设置

点击"关于"按钮，可以进入"关于"设置界面中，如图3-19所示，下面将对相应的设置进行详细的介绍。

图3-19 "关于"设置界面

图3-19　"关于"设置界面（续）

❶ 在界面中可查看设备名称、Wi-Fi 名称、设备型号、App 版本、飞机固件版本号、遥控器固件版本号、飞行安全数据、SN（Serial Number，产品序列号）等信息。

❷ 重置所有设置：点击"重置所有设置"按钮可重置所有设置，将所设置的相机、云台、飞行安全参数恢复至出厂设置。

3.4　升级：固件与飞行安全数据的更新

无论哪一款无人机，都会遇到固件更新和飞行安全数据更新的问题。更新固件与飞行安全数据可以帮助无人机修复系统漏洞，或者新增功能，提升飞行的安全性。我们在进行更新前，一定要保证遥控器和飞行器都有足够的电量，以免更新过程中断，导致无人机系统崩溃。本节将介绍固件更新与飞行安全数据更新的方法。

3.4.1　固件更新

在遥控器未连接网络的情况下，系统不会提示固件更新，所以要定期为遥控器连网，检查固件是否需要更新，在固件更新的时候也需要开启飞行器的电源。下面将为大家介绍固件更新的具体操作方法。

扫码看视频

STEP 01　开启 RC 遥控器和飞行器的电源，在遥控器中进入 DJI Fly App 的主界面，左上角弹出相应的固件更新提示，点击"更新"按钮，如图 3-20 所示。

STEP 02　之后即可下载固件，并显示相应的下载进度，若要查看更多信息点击"详情"按钮，如图 3-21 所示。

STEP 03　即可进入相应的界面，在此页面中可查看固件版本的内存大小和版本号，如图 3-22 所示。

图3-20　点击"更新"按钮

图3-21　点击"详情"按钮

图3-22　查看固件版本的内存大小和版本号

STEP 04 点击左上角☒按钮退出界面，等固件更新成功之后，左上角会弹出更新成功的提示，如图 3-23 所示。

图3-23　弹出更新成功的提示

扫码看视频

3.4.2　飞行安全数据的更新

在户外飞行无人机前，建议先连网检查是否需要进行固件更新或者飞行安全数据更新。在室内用 Wi-Fi 进行数据下载和更新通常会比在户外用移动热点要快，这样可以节省时间并减少电量消耗。

如果在户外飞行的过程中，遥控器显示相应的更新提示，用户可以暂时忽略该信息，等结束飞行拍摄之后再更新，保障飞行的安全和效率。下面将为大家介绍飞行安全数据更新的具体操作方法。

STEP 01 开启 RC 遥控器与飞行器的电源，在遥控器中进入 DJI Fly App 的主界面，左上角弹出相应的更新提示，点击"更新"按钮，如图 3-24 所示。

图3-24　点击"更新"按钮

STEP 02 执行操作后，即可下载飞行安全数据，并显示相应的下载进度，如图 3-25 所示。

图3-25　显示下载进度

STEP 03 等数据更新成功之后，左上角会弹出更新成功的提示，如图 3-26 所示。

图3-26　弹出更新成功的提示

第 4 章　起飞检查与首次飞行的技巧

章前知识导读

在首次飞行无人机之前，大部分用户都是非常紧张的，毕竟无人机的价格很贵，若摔坏了将造成损失。因此，本章主要向大家介绍首次飞行的一系列操作技巧，只要用户掌握了这些技巧，并不断练习，那么就可以安全地操控无人机飞行。

新手重点索引

▶ 检查：无人机的基本操作

▶ 学习：起飞与降落无人机

4.1　检查：无人机的基本操作

在起飞无人机之前，我们要做好安全起飞的准备工作，比如飞行前检查 SD 卡和电量等，保证无人机能够安全起飞。

4.1.1　检查 SD 卡

检查 SD 卡是非常重要的一项操作，用户在外出拍摄前，一定要检查无人机中的 SD 卡是否有足够的存储空间，以及是否已经插入了 SD 卡。如果用户取出了无人机中的 SD 卡，飞行界面上方会显示"SD 卡未插入"的提示信息，若看到这个信息，用户就应该立即插入 SD 卡。

4.1.2　提前检查电量和充电

飞行之前，一定要提前检查飞行器的电池、遥控器的电池以及手机是否充满电，以免到 DP 拍摄地点后，发现没有电，然后到处找充电的地方。

飞行器的一块满格的电池只能用 30 分钟左右，如果飞行器的电量只有一半，那飞上去可能也拍不了多少内容，因为还要留 30% 的电量返航。

在这里，建议有车一族买个车载充电器，这样就算电池电量用完了，也可以在车上充电。

如果遥控器电量不足，无人机在飞行中可能会遇到危险。所以，建议用户在飞行无人机之前，确保遥控器电量已充满。

4.2　学习：起飞与降落无人机

本节将为大家介绍如何起飞与降落无人机，这是学习飞行动作之前最基础的操作，希望大家可以熟练掌握这些内容。

4.2.1　自动起飞与降落

扫码看视频

使用自动起飞和降落功能可以帮助用户一键起飞和降落无人机，既方便又快捷。下面介绍相应的操作方法。

STEP 01 将飞行器放在水平地面上，依次开启遥控器与飞行器的电源，当左上角状态栏显示"可以起飞"的信息后，点击左侧的自动起飞按钮，在弹出的相应的面板中，长按"起飞"按钮，如图 4-1 所示，让无人机上升到 1.2 米的高度。

图4-1　长按"起飞"按钮

STEP 02 向上推动左摇杆，当无人机上升到 49 米的高度时，点击自动降落按钮，在弹出的相应面板中，长按"降落"按钮，如图 4-2 所示，降落无人机。

图4-2　长按"降落"按钮

温馨提示

　　在无人机下降的过程中，用户一定要密切监视无人机，并将无人机降落在一片平坦、干净的区域，下降的地方不能有人群、树木以及杂物等，特别要防止小孩靠近。在遥控器摇杆的操作方面，启动电机和停止电机的操作方式是相同的。

4.2.2 手动起飞与智能返航

手动启动电机之后，可以手动起飞无人机。当无人机飞远后，我们可以使用智能返航功能，让无人机飞回起飞点并自动降落，不过需要提前刷新返航点。下面介绍相应的操作方法。

STEP 01 将两个摇杆同时向内掰，或者同时向外掰，即可启动电机，电机启动后，将左摇杆缓慢地向上推动，无人机即可上升飞行，并刷新返航点，如图4-3所示。

STEP 02 如果无人机飞远了，并且需要返航降落，点击智能返航按钮 ，在弹出的相应面板中，长按"返航"按钮，如图4-4所示，无人机即可飞回返航点，并缓缓降落。

图4-3 无人机刷新返航点

图4-4 长按"返航"按钮

第5章　无人机航拍构图取景法

章前知识导读

　　构图是拍出好照片的第一步，这一点在航拍摄影中也同样重要。构图是突出画面主题最有效的方法，在对焦和曝光都正确的情况下，优秀的构图技巧往往会让一张照片脱颖而出，吸引观众的眼球，使其产生共鸣。通过本章的学习，希望大家熟练掌握航拍的构图技巧，让你的摄影作品更加出色。

新手重点索引

▶ 技巧：掌握摄影构图方法　　　　▶ 展示：3 种航拍角度

▶ 取景：8 种航拍构图方法

5.1 技巧：掌握摄影构图的方法

一张好看的航拍照片和一段精彩的航拍视频离不开好的构图方法。学无人机摄影摄像之前，必须要掌握一定的构图技巧，这样拍摄出来的画面才更好看。

5.1.1 什么是构图

构图就是点、线、面规律的总结，每一张照片都会有自己相应的结构。在航拍摄影摄像领域，随着拍摄高度的变化，构图对于照片主体内容的质量的影响也会相应变化。

学会构图之后，我们拍摄的每张照片、每段视频不一定都要按部就班地进行构图，只是了解了一些基本的构图方法，能帮助我们理解构图对于画面情绪内容表达的重要性，以此来提升我们的拍摄水平，获得更好的航拍体验。

比如，在航拍立交桥的时候，我们随意地将无人机飞在目标的周围，并拍摄一张照片，如图5-1所示，画面可能会显得很随意，没有美感，整体也不是很吸引人。但如果我们在脑海中思索一番，并把无人机飞到了车道的上空，镜头垂直90度俯拍立交桥，如图5-2所示，这样拍出的效果就会好很多。

构图是一个思考的过程，思考如何安排点、线、面的位置，以及如何才能拍摄出更美的画面。只有多思考、多练习，我们的航拍水平才能实现质的飞跃。

图5-1　未构图拍摄的立交桥照片

图5-2　构图后拍摄的立交桥照片

5.1.2　构图的原则

构图的第一个原则就是画面主题明确，能清楚地告诉观众你想要表达什么。主题明确是摄影构图中的一个基本原则。主题即为中心思想，相当于文章的标题，可以说，它是画面的灵魂。

明确了主题之后，在具体拍摄时，就要考虑拍摄的主体了。主体是指所要表现的主题对象，画面主体是反映内容与主题的主要载体，也是构图的视觉中心，主体就是你拍摄内容的第一视觉焦点。

图 5-3 所示为航拍小船的照片，将小船安排在画面的中心位置，并且用俯拍的角度展示其独特的造型，这样可以使主体更加突出、明显。

良好的构图，可以让视觉主体更突出、更强烈、更集中、更典型，从而提升画面的艺术表达效果。通过构图最大程度地体现主体，这才是构图的真正目的。

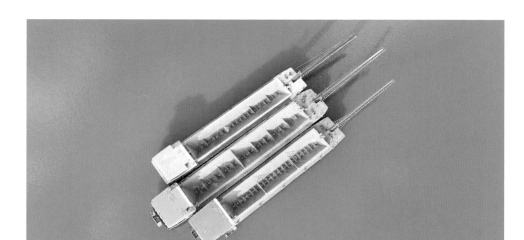

图5-3　航拍小船的照片

5.1.3　构图的元素

构图的基本元素包括点、线、面。一段好看的视频，一定是某些点、线、面的完美组合，只要选择适合的元素进行组合，就能够拍出高质量的作品。

1. 点

点是所有画面的基础。在摄影中，它可以是画面中一个真实的点，也可以是一个面，只要是画面中较小的对象就可以称之为点。在照片中，点的位置直接影响着画面的视觉效果，并为观者带来不同的心理感受。

图 5-4 所示为点元素构图的照片，通过周围的大环境对比衬托出一个点。

图5-4　点元素构图的照片

2．线

线可以是在画面中真实呈现的实线，也可以是视线连接起来的虚拟线，还可以是通过足够多的点以一定的方向集合在一起而产生的线。

图 5-5 为用线元素构图的航拍大桥照片，桥梁的线性结构产生了极强的视觉冲击力，不仅起到了引导视线的作用，还能让画面结构显得更加稳固。

图5-5　用线元素构图航拍的大桥照片

3．面

面是在点或线的基础上，通过一定的连接或组合形成的二维或三维的效果。图 5-6 为用面元素构图的航拍照片，画面中的小船作为点，湖边栈道作为线，湖面和岸边则构成了面，水面与有物体存在的面各自占据了画面的一半左右，形成了极强的均衡感。

图5-6　用面元素构图航拍的照片

5.2 展示：3 种航拍角度

用无人机航拍同一个物体的时候，选择不同的航拍角度，得到的画面效果是截然不同的。不同的拍摄高度会带来不同的画面感受，而且选择不同的视点，能将普通的被摄对象以更新颖、别致的方式展示出来。本节将为大家介绍 3 种航拍角度。

5.2.1 平视航拍的角度

平视是指在用无人机拍摄时，镜头与被摄物体的高度保持平行，这样可以展现出画面的真实细节。图 5-7 为航拍湘江沿岸的建筑风光照片，平视拍摄的角度可以让画面更加亲切，也符合人们的视觉浏览习惯。

图5-7　航拍湘江沿岸的建筑风光照片

5.2.2 俯视航拍的角度

俯视航拍，简而言之就是要选择一个比主体更高的拍摄位置，使得主体所在平面与摄影者所在平面形成一个相对大的角度来进行拍摄。俯角度构图法拍摄地点的高度较高，拍出来的照片视角宽广，可以很好地体现画面的透视感、纵深感和层次感，如图 5-8 所示。

俯拍可以用于拍摄广阔的场面，以表现其宏伟的气势，展现出明显的纵深效果和丰富的景物层次。俯拍角度的变化会带来不同的画面感受。图 5-9 为将镜头垂直 90 度俯拍的道路，画面极具线条感。

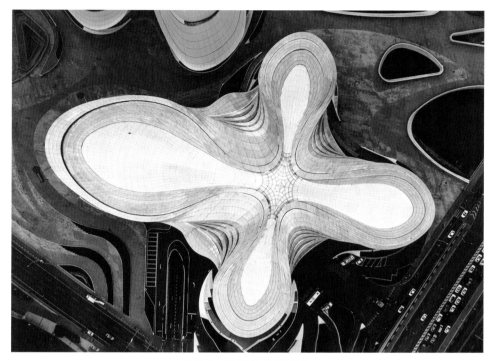

图5-8　俯视航拍的照片

图5-9　将镜头垂直90度俯拍的道路

5.2.3　仰视航拍的角度

在日常航拍摄影中，抬高无人机相机镜头拍摄，即为仰拍，仰拍的角度不同，拍摄出来的效果自然不同，只要细心观察和多加练习，就能拍出独特的照片效果。仰拍会让画面中的主体体现出高耸、庄严、宏伟的感觉，同时还能产生视觉上的透视效果。

图5-10为用仰拍角度航拍的建筑画面，其体现出了建筑的高大与宏伟。

图5-10　用仰拍角度航拍的建筑画面

5.3　取景：8 种航拍构图方法

无人机航拍构图和传统的摄影构图相同，所需要的照片构图要素也相同，包括主体、陪体和环境等。本节主要介绍常用的 8 种构图取景法。

5.3.1　水平线构图

水平线构图给人以辽阔、平静的感觉。水平线构图法是以一条水平线为基础进行构图，这种构图需要前期多观察、多思考，寻找合适的地点进行拍摄。对于有经验的摄影师来说，他们可以轻松地航拍出理想的风光照片或视频。这种构图法适合拍摄风光大片。

图 5-11 为两张航拍湘江沿岸的风光照片，天空与地景江水各占画面一半左右，展现了秀美的风光，天空中的白云拍摄得恰到好处。

图5-11　湘江沿岸的风光照片

5.3.2　前景构图

前景是指位于拍摄主体与镜头之间的事物。前景构图是指利用合适的前景元素进行构图取景，这样可以使画面具有强烈的纵深感和层次感，同时也能极大地丰富画面内容，使画面更加生动和饱满。

我们在拍摄时，要善于发现前景。如果没有自然的前景，也可以创造出一些前景，比如扩大焦段设计前景或者后期合成前景。前景构图主要有以下两种拍摄思路。

第一种是直接将前景作为拍摄的主体。图5-12为航拍的前景构图照片，在拍摄时以树木为前景，城市建筑为中景，天空为背景，增加了画面的层次感。

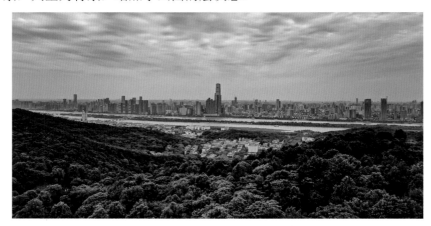

图5-12　航拍的前景构图照片

第二种是将前景作为陪衬，将主体放置在中景或背景位置上，用前景来引导视线，使观众的视线聚焦到主体上。图 5-13 为一张夜景照片，江边的大树为前景，福元路大桥为中景，城市建筑为背景，由于明暗对比的关系，观众的视线会被引向中景和背景，因此前景主要起到引导视线和衬托主体的作用。

图5-13　用前景构图法拍摄的照片

总而言之，前景既可以作为主体，也可以作为陪衬存在。

5.3.3　斜线构图

斜线构图是在静止的横线基础上出现的，具有一种静谧的感觉，斜线的延伸感还可以增强画面的深远透视效果。同时，斜线构图的不稳定性使画面更富有新意，给人以独特的视觉效果。

　　利用斜线构图可以使画面产生三维空间效果，增强画面立体感，使画面充满动感与活力，且富有韵律感和节奏感。斜线构图是非常基础的构图方式，在拍摄轨道、山脉、植物、沿海等风光时，就可以采用斜线构图的航拍手法。

　　图 5-14 为用斜线构图航拍的桥梁照片。以斜线构图的方式拍摄桥梁，可以让画面摆脱平庸感，并且具有很强的视线导向性。在航拍摄影中，斜线构图是一种使用频率颇高，也颇为实用的构图方法，希望大家可以熟练掌握。

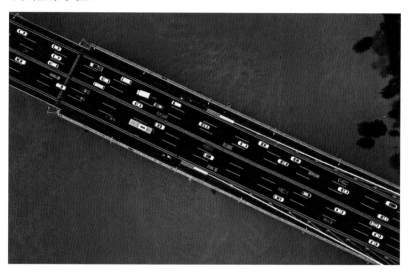

图5-14　用斜线构图航拍的桥梁照片

　　还有一种是交叉斜线构图，我们在航拍立交桥时经常会用到这种构图方式。图 5-15 为拍摄立交桥夜景车流效果的航拍照片，其采用交叉双斜线构图，使画面更具有延伸感，同时一条条的车流光轨也交织在一起，真是美极了。

图5-15　拍摄立交桥夜景车流效果的航拍照片

5.3.4　居中构图

我们在航拍时，如果拍摄的主体面积较大，或者极具视觉冲击力，此时我们可以把拍摄主体置于画面中心的位置，采用居中构图进行拍摄。

图 5-16 为采用居中构图方式航拍的江中小岛照片，其将拍摄主体置于画面最中间的位置，可以聚焦观众的视线，重点传达所要表现的主体。

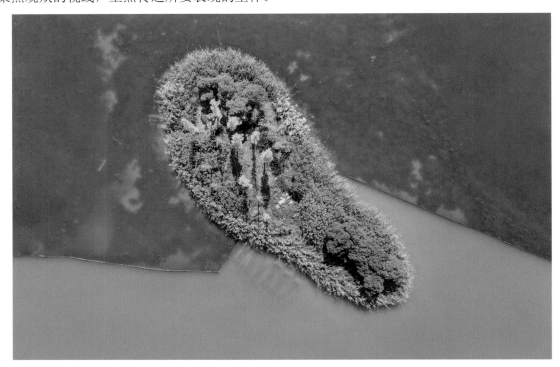

图5-16　采用居中构图方式航拍的江中小岛照片

5.3.5　三分线构图

三分线构图，顾名思义，就是将画面横向或纵向分为三部分。这是一种非常经典的构图方法，也是众多大师级摄影师偏爱的一种构图方式。将画面一分为三，非常符合人的视觉审美习惯。常用的三分线构图法有两种，一种是横向三分线构图，另一种是纵向三分线构图，下面进行简单的介绍。

图 5-17 为航拍的一张横向三分线构图照片，天空占画面上部三分之一，城市地景占画面下部三分之二，这样可以很好地展现城市的壮阔风光。

图 5-18 为在某地航拍的一张纵向三分线构图照片，风车置于画面左侧三分线上的位置，整个画面看起来重点突出，色彩搭配也令人十分舒适。

图5-17　横向三分线构图的照片

图5-18　纵向三分线构图的照片

5.3.6　曲线构图

曲线构图主要用来表现具有曲线美的景物，如自然界中的河流、小溪、山路、小径以及深夜马路上蜿蜒的路灯或车队等，这些景色能给人带来一种悠远感或蔓延感。图 5-19 为航拍的道路夜景照片，道路形态呈 S 形曲线。

图5-19　曲形构图照片

5.3.7　透视构图

近大远小是基本的透视规律，航拍摄影也是如此，透视构图法有着增强画面立体感的作用，可以带来身临其境的现场感。在航拍镜头中，由于透视效果，所有的平行直线会变成斜线，这样就会加强纵深感，让画面有视觉张力。

图 5-20 为用透视构图方法拍摄的两张大桥照片，画面中的建筑展现出近大远小的效果，大桥斜向延伸，将观众的视线引向了远方，画面极具视觉张力。

5.3.8　对比构图

对比构图的含义很简单，就是通过不同形式的对比来强化画面，以产生独特的视觉效果的构图。对比构图的意义有两点：一是通过对比来强化主体；二是通过对比来衬托主体。

要想在拍摄中获得对比构图的效果，用户就要找到与拍摄主体有明显差异的对象来进行构图，这里的差异包含很多方面，例如大小、远近、方向、动静以及明暗等方面。

图5-20　用透视构图法拍摄的两张大桥照片

　　图 5-21 为用明暗对比构图法航拍的夕阳照片，通过地景来烘托美丽的夕阳，从而展现出画面的立体感、层次感。

图5-21 用明暗对比构图法航拍的夕阳照片

图 5-22 为用颜色对比构图法航拍的照片，红色的桥梁与绿色的湖水相互映衬，使画面具有生机与活力。

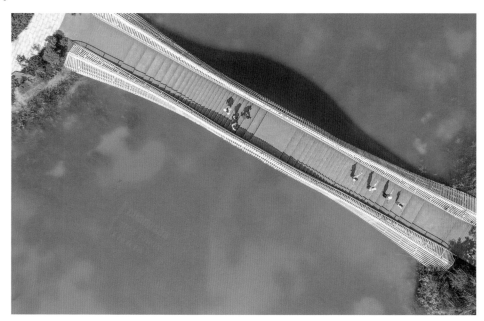

图5-22 用颜色对比构图法航拍的照片

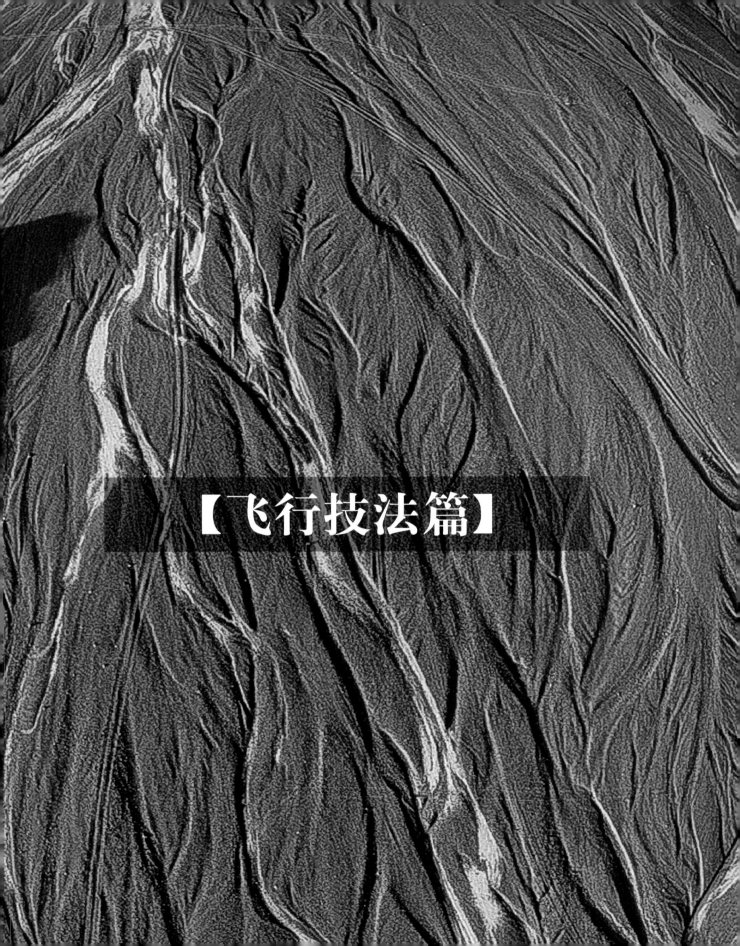

【飞行技法篇】

第6章 飞手考证必学的飞行动作

章前知识导读

在第4章中我们学习了如何起飞无人机。当无人机安全起飞后，需要学会一些飞行动作来控制无人机的飞行。本章将重点介绍一些考证必学的飞行动作，包括上升、下降、前进、后退以及旋转飞行等。希望通过本章的学习，各位飞手可以学会和掌握飞行动作要领，成为一名合格的无人机飞行员。

新手重点索引

▶ 初级：7组入门飞行动作

▶ 高级：6组进阶飞行动作

6.1 初级：7 组入门飞行动作

在进行航拍工作之前，我们要学会一些入门的飞行动作，这样才能比较熟练地掌控无人机的飞行。

6.1.1 上升

扫码看视频

上升是无人机航拍中最基础、最初级的动作，无人机飞行的第一个动作通常是向上飞行。将左摇杆缓慢地往上推动，即可实现向上飞行。图 6-1 为用上升镜头缓慢地展示江边的广阔景象。

图6-1 上升

图6-6　右移

扫码看视频

6.1.7　俯视悬停

　　俯视悬停是俯视航拍中最简单的一种拍法，是指将无人机停在固定的位置上，然后向左拨动云台俯仰拨轮，将云台相机垂直 90°朝下进行拍摄。

俟视悬停一般用来拍摄移动的目标，如马路上的车流、水中的游船以及游泳的人等，这样可以让下方的画面不断呈现新的拍摄对象，如图 6-7 所示。

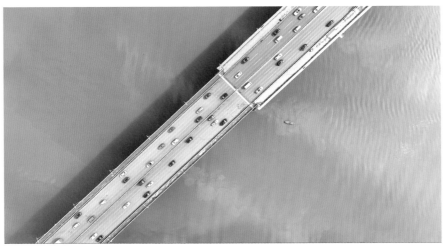

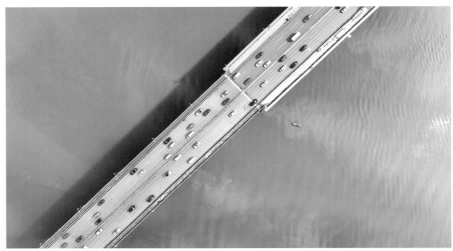

图6-7　俟视悬停

6.2　高级：6 组进阶飞行动作

在上一节中，我们进行了 7 组简单飞行动作的训练，在掌握了这些基本的飞行动作后，接下来我们需要提升自己的航拍技术，学习一些更高级的航拍动作，如旋转飞行、上升旋转、环绕飞行以及 8 字飞行等，这些高级动作可以帮助我们拍出更具吸引力的视频画面。

6.2.1　旋转飞行

旋转飞行，也称为原地转圈飞行，是指无人机飞至高空后，通过向左或者向右推动左侧的摇杆，

扫码看视频

让无人机 360° 原地旋转。

　　图 6-8 为一段无人机 360° 旋转的飞行镜头，无人机在湘江上空进行旋转飞行拍摄，将周围的环境展示得淋漓尽致。

图6-8　旋转飞行

图6-8　旋转飞行（续）

扫码看视频

6.2.2　上升旋转

　　上升旋转是指无人机在上升过程中同时进行旋转，这样可以让画面更具动感，同时展现更多的画面空间。图 6-9 为用上升旋转镜头航拍的画面，为观众带来了新奇的视觉体验。

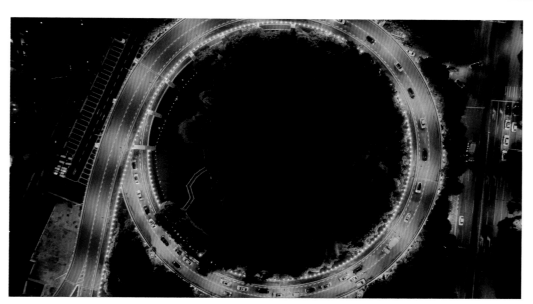

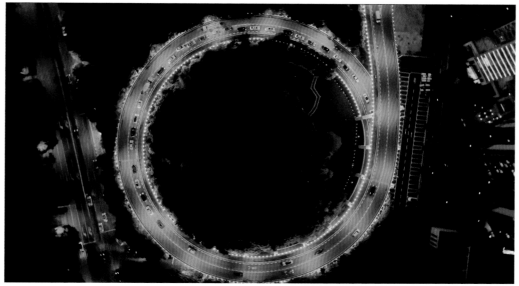

图6-9　上升旋转

上升旋转飞行的操作方法如下：

① 将无人机上升到一定高度，并使相机镜头垂直朝下 90°。

② 向右上方推动左摇杆，使无人机在上升的同时进行旋转。

6.2.3　上升前进

上升前进飞行镜头适合用来拍摄具有层次感的风景，无人机首先需要降低角度，然后缓慢上升并向前推进，以此展示所需表现的风景，如图 6-10 所示。

扫码看视频

图6-10　上升前进

上升前进飞行的操作方法如下：

① 向上推动左摇杆，使无人机开始上升飞行。

② 同时，向上推动右摇杆，使无人机上升的同时进行前推飞行。

温馨提示

在执行上升前推动作时，用户可以通过拨动俯仰控制轮来调整镜头的俯仰角度，从而拍摄出理想的画面效果。

扫码看视频

6.2.4　俯仰

　　俯仰飞行是指镜头的向下或向上运动，这种飞行模式很少单独使用，通常与其他的动作结合进行拍摄。一般情况下，运用得最多的就是镜头向上运动，无人机镜头需要先低角度俯视，然后再缓慢抬起来，以此展示所要表达的环境。

　　首先进行俯视拍摄，然后使用左手食指再缓慢向右拨动云台俯仰拨轮，这样就可以实现相机镜头抬头的效果，捕捉并展示城市道路的夜景风光，如图 6-11 所示。

图6-11　俯仰镜头

图6-11　俯仰镜头（续）

扫码看视频

6.2.5　环绕飞行

　　环绕飞行，也叫"刷锅"，是指围绕某一个物体进行环绕飞行。环绕飞行有向左环绕和向右环绕两种，在进行环绕飞行之前，最好先找到环绕中心，如图 6-12 所示，无人机以桥梁为环绕中心，进行逆时针环绕。环绕飞行的操作方法如下：

　　① 将右摇杆缓慢向右推动，使无人机向右平飞。

　　② 同时，左手向左推动左摇杆，让无人机在向右飞行的同时会向左进行逆时针旋转。

图6-12　环绕飞行

图6-12　环绕飞行（续）

温馨提示

右手操作杆控制无人机向右飞行，右手操作杆的位移越大，无人机的飞行速度越快，环绕的速度也就越快；左手操作杆控制无人机的转向，左手操作杆的位移越大，无人机弯转得就越急，环绕的半径也就越小。

6.2.6　8字飞行

扫码看视频

8字飞行是一种较为复杂的飞行动作，如果用户对前面几组飞行动作都已经很熟练了，接下来就可以开始练习8字飞行了，8字飞行也是无人机飞行考证中的必考内容。

8字飞行会用到左右摇杆的很多功能，需要左手和右手完美配合。在DJI Fly App的相机界面中，点击左下角的地图，可以查看飞行轨迹。8字飞行轨迹如图6-13所示。

图6-13　8字飞行轨迹

8字飞行的操作方法如下：

① 参照环绕飞行的飞行动作，将右摇杆向右推动，同时左手向左推动左摇杆，让无人机逆时针飞行一圈。

② 完成逆时针飞行后，立刻在原地进行180°旋转，以转换机头方向。

③ 通过左手向右控制左摇杆，右手向左控制右摇杆，以顺时针的方向再飞行一圈，这样就能飞出8字的轨迹来。如果操作不够熟悉，导致轨迹不够清晰，可以重复多次飞行练习。

第 7 章　掌握全景与夜景航拍

章前知识导读

　　无人机在高空中能拍摄到极为广阔的风景，因此全景拍照模式也是飞手们必须掌握的航拍技能之一。在夜晚航拍的时候，同样需要掌握一定的航拍技巧，这样才能拍出精彩的夜景大片。本章将为大家介绍无人机的全景和夜景航拍技巧，帮助大家掌握更多的航拍技能，从而创作出更为惊艳的航拍作品。

新手重点索引

▶ 拍摄全景照片的方法　　　　　▶ 夜景：航拍需要注意的事项

▶ 实战：夜景拍摄方法

7.1 拍摄全景照片的方法

所谓"全景摄影"就是将所拍摄的多张图片拼接合成为一张全景图片。随着无人机技术的不断发展，我们可以通过无人机轻松拍摄出全景照片，本节主要介绍拍摄全景照片的方法。

7.1.1 球形全景照片

扫码看视频

球形全景照片是指无人机自动拍摄 27 张照片，然后自动进行拼接。拍摄完成后，用户在查看照片效果时，可以点击球形照片的任意位置，相机便会自动缩放到该区域的局部细节，为用户展示一张动态的全景照片。图 7-1 为使用无人机拍摄的球形全景照片的效果。

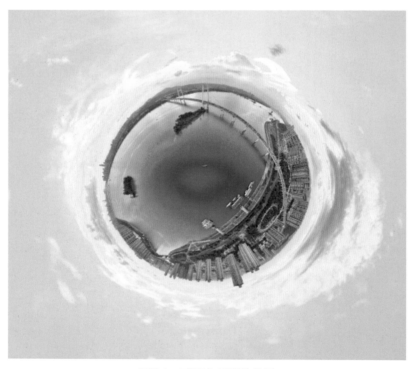

图7-1 球形全景照片效果

下面介绍球形全景照片的具体拍法。

STEP 01 在 DJI Fly App 的相机界面中，点击拍摄模式按钮 ⬜，如图 7-2 所示。

STEP 02 在弹出的面板中，选择"全景"选项；默认选择"球形"全景模式；点击拍摄按钮 ⭕，如图 7-3 所示。

STEP 03 执行操作后，无人机会自动拍摄照片，右侧显示拍摄进度，如图 7-4 所示，照片拍摄完成后，点击回放按钮 ▶，即可进入相册。

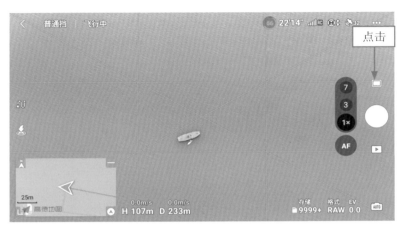

图7-2　点击左侧的拍摄模式按钮

图7-3　点击拍摄按钮

图7-4　显示拍摄进度

STEP 04 在相册中点击"查看 360°图片"按钮，即可查看拍摄好的全景照片，如图 7-5 所示。

图7-5 点击"查看360°图片"按钮

STEP 05 动态的球形全景照片如图 7-6 所示。

图7-6 动态的球形全景照片

STEP 06 点击图片中的任意位置，即可放大和滑动照片查看细节，如图 7-7 所示。可以选择"展开""小行星""隧道"和"水晶球"选项，还能点击"截取图片"按钮进行截屏。

图7-7 放大和滑动照片查看细节

扫码看视频

7.1.2 180°全景照片

180°全景照片是由 21 张照片拼接而成的,以地平线作为中心线,天空和地面各占照片的一半。图 7-8 为使用无人机拍摄的 180°全景照片效果。

图7-8 180°全景照片效果

下面介绍 180°全景照片的具体拍法。

进入拍照模式界面,选择"全景"选项;选择 180°全景模式;点击拍摄按钮◯,如图 7-9 所示,无人机即可自动拍摄并合成全景照片。

图7-9　拍摄180°全景照片

扫码看视频

7.1.3　广角全景照片

无人机中的广角全景照片是用 9 张照片拼接出来的，照片尺寸比例为 4 ∶ 3，画面同样以地平线作为上下分割线进行拍摄。图 7-10 为在三汊矶大桥上空使用广角全景模式航拍的夕阳效果。

图7-10　广角全景照片效果

下面介绍广角全景照片的具体拍法。

进入拍照模式界面，选择"全景"选项；选择"广角"全景模式；点击拍摄按钮，如图 7-11 所示，无人机即可拍摄并合成全景照片。

图7-11　拍摄广角全景照片

温馨提示

　　在拍摄全景照片的时候，需要先选定主体对象，然后对画面进行构图，最后再拍摄。

7.1.4　竖拍全景照片

　　无人机中的竖拍全景照片是用 3 张照片拼接而成的，什么时候才适合用竖拍全景构图呢？一是拍摄的对象具有竖向的狭长性或线条性的，二是展现天空的纵深及对象具有从上到下的高大空间感的。

　　图 7-12 为使用竖拍全景模式航拍的三汊矶大桥照片，对狭长的桥体进行全景拍摄，以展示其纵深感。

　　下面介绍竖拍全景的具体方法。

　　进入拍照模式界面，选择"全景"选项；选择"竖拍"全景模式；点击拍摄按钮，无人机即可拍摄并合成全景照片，如图 7-13 所示。

扫码看视频

图7-12　竖拍全景照片效果

图7-13　点击拍摄按钮

7.2 夜景：航拍需要注意的事项

当我们在城市上空航拍夜景照片或视频时，一定要保持无人机平稳、慢速地飞行，这样才能拍摄出清晰的夜景照片。本节介绍航拍夜景之前需要注意的相关事项，帮助大家拍出唯美的夜景效果。

7.2.1 提前踩点，注意避障

无人机在夜间航拍时受光线的影响是比较大的，当无人机飞到空中的时候，你可能只看到无人机的指示灯闪烁，其他的什么也看不见。而且，由于夜间环境光线不足，无人机的视觉系统及避障功能会受影响，在 DJI Fly App 相机界面中可能会弹出"环境光线过暗，视觉系统及避障功能失效，请注意飞行安全"的提示，如图 7-14 所示。

图7-14　"光线过暗"提示

因此，一定要在白天提前踩点，对拍摄地点进行检查，观察上空是否有电线或者其他障碍物，以免造成无人机的坠毁，因为晚上的高空环境肉眼是看不清的。如果环境光线过暗，此时可以适当调整云台相机的 ISO（感光度）和光圈值，来增加图传画面的亮度。

温馨提示

在夜间飞行无人机的时候，无人机的视觉系统及避障功能会受到影响，不能正常工作，此时，可以能通过调整 ISO 参数来增加画面的亮度，这样能更清晰地辨识周围的环境，但用户在拍摄照片前，一定要将 ISO 参数重新调整为正常曝光状态，以防止拍摄的照片出现过曝的情况。

7.2.2 拍摄时关闭前机臂灯

在默认情况下，飞行器的前臂灯显示为红灯。在夜间拍摄时，前臂灯可能会对画质造成干扰和影响，所以我们在夜间拍摄照片或视频的时候，一定要关闭前臂灯。可以在 DJI Fly App 系统设置的"安全"界面中，将"前机臂灯"设为"自动"模式，如图 7-15 所示，这样在拍摄的过程中无人机就会自动熄灭前机臂灯，从而保障拍摄的效果。

图7-15 将"前机臂灯"设为"自动"模式

扫码看视频

7.2.3 设置白平衡参数

白平衡，仅从字面上理解就是白色的平衡。但白平衡其实是描述显示器中红、绿、蓝三基色混合生成后白色精确度的一项指标，通过调整白平衡可以解决画面色彩和色调处理的一系列问题。

在无人机的设置界面中，用户可以通过设置画面的白平衡参数，使画面达到不同的色调效果。下面介绍设置视频白平衡的操作方法。

STEP 01 进入 DJI Fly App 相机界面，点击系统设置按钮███，点击"拍摄"按钮，进入"拍摄"设置界面；把"白平衡"设置为"手动"模式；拖曳滑块，把参数设置为最小值 2000k，如图 7-16 所示。

图7-16 设置"白平衡"相关参数

STEP 02 点击图传画面，可以看到画面色调变成了深蓝色，如图 7-17 所示。

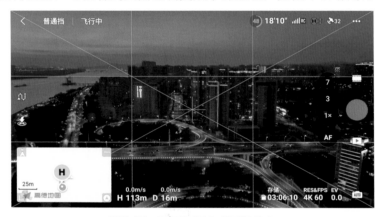

图7-17 画面色调变成了深蓝色

STEP 03 在"拍摄"设置界面把"白平衡"设置为"自动"模式，如图 7-18 所示，无人机会根据当下环境的画面亮度和颜色自动设置白平衡的参数。

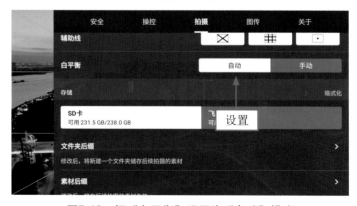

图7-18 把"白平衡"设置为"自动"模式

温馨提示

　　把"白平衡"参数设置为最大值 10000k，画面色调则会变成橙红色。

7.2.4　设置 ISO、光圈和快门参数

　　在航拍夜景的时候，大家可以通过调整 ISO（感光度）参数，将画面曝光和噪点控制在合适的范围内。需要注意的是，夜间拍摄时，ISO 参数越高，画面噪点就越多，ISO 参数过低，则画面会偏暗。

　　在其他参数不变的情况下，提高 ISO 参数能够增加画面曝光。ISO、光圈和快门是拍摄夜景的三大要素，到底 ISO 参数设置在多少时才适合拍摄夜景呢？我们需要结合光圈参数和快门速度来设置。

　　一般情况下，建议将 ISO 参数设置在 100 ~ 400 之间，最高不要超过 400，否则会影响画质，如图 7-19 所示。

图7-19　ISO参数的设置

　　"光圈"参数可以选择 2.8，这样可以增加无人机相机的进光量，让画面亮一点。不过，具体的光圈参数还是需要根据实际画面来设置。

　　"快门"速度是指控制拍照时的曝光时长，在夜间航拍时，如果光线不太好，我们可以加大光圈、降低快门速度，具体可以根据实际的拍摄效果来调整。

温馨提示

　　M.M 参数是不能调整的，如果为负数，表示画面曝光不足；如果为正数，则表示画面曝光过度；0 表示曝光平衡。我们可以通过调整 ISO、光圈和快门速度来间接调整 M.M 参数。

7.3　实战：夜景拍摄方法

　　本节主要介绍无人机在夜间如何航拍照片和视频，包括手动设置参数拍摄车轨、光轨照片和

用"夜景"模式拍摄视频的方法。图 7-20 为手动设置参数拍摄出来的车轨、光轨照片，大家可以看到，汽车的灯光转化为了一条条光线。

图7-20　手动设置参数拍摄出来的车轨、光轨照片

7.3.1　拍摄车流光轨照片

扫码看视频

在繁华的大街上，想拍出汽车的光影运动轨迹，主要是通过延长曝光时间，使汽车的轨迹形成光影线条。下面介绍拍摄三汊矶大桥上车流光轨照片的方法。

STEP 01 进入 DJI Fly App 相机界面，调整无人机的位置、高度和俯仰角度，进行构图，点击右下角的 AUTO（自动）按钮，切换至 PRO（专业）模式；调整 PRO 按钮右侧的拍摄参数，如图 7-21 所示。

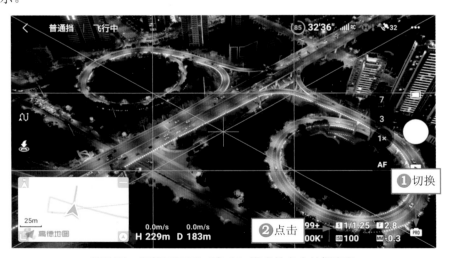

图7-21　切换至PRO（专业）模式并点击拍摄参数

STEP 02 弹出相应的面板，点击调整参数按钮，切换至相应的选项卡；设置"白平衡"为"自动"、"照片格式"为 RAW、"照片比例"为 16：9、"照片分辨率"为 20MP、"存储"为 SD 卡，如图 7-22 所示。

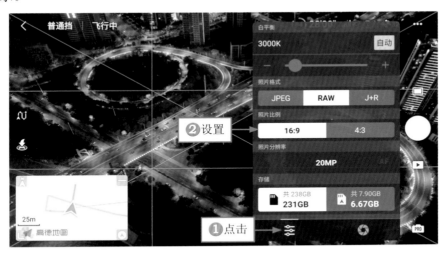

图7-22　设置相应的参数

STEP 03 点击拍摄参数按钮，切换至相应的选项卡；取消 3 个参数右侧的"自动"模式；设置 ISO 参数为 100、"快门"速度为 1.6 秒、"光圈"参数为 2.8；点击拍摄按钮，拍摄照片，如图 7-23 所示。

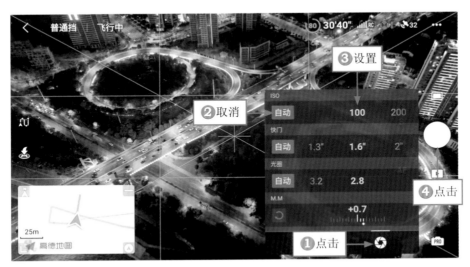

图7-23　设置拍摄参数

STEP 04 执行操作后，即可拍摄车流光轨照片，效果如图 7-24 所示。

图7-24　车流光轨照片

温馨提示

我们还可以使用 3 倍焦段，并用同样的拍摄参数拍摄车流光轨照片，效果如图 7-25 所示。

图7-25　用3倍焦段拍摄的车流光轨照片

扫码看视频

7.3.2　使用"夜景"模式拍摄视频

大疆 Mavic 3 Pro 无人机在录像状态下具有"夜景"模式，全程自动降噪，可实现纯净夜拍效果，比"普通"录像模式的效果要好。下面介绍使用"夜景"模式拍摄视频的操作方法。

STEP 01 在 DJI Fly App 的相机界面中，点击左侧的拍摄模式按钮▢，在弹出的面板中，选择"录像"；选择"夜景"模式；界面中会弹出"当前模式无避障"提示；点击拍摄按钮●，如图 7-26 所示。

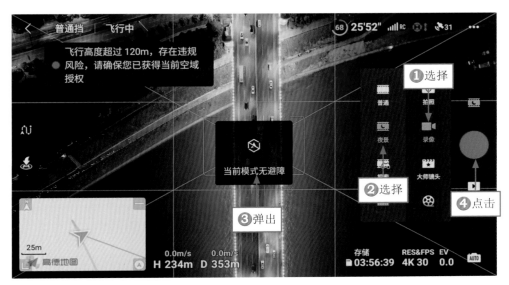

图7-26　夜景拍摄模式设置

STEP 02 左手食指再向右慢慢地拨动云台俯仰拨轮，图传画面如图 7-27 所示。

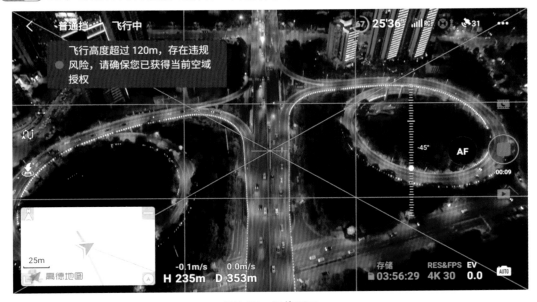

图7-27　图传画面

STEP 03 执行操作后即可实现相机镜头抬头的效果，拍摄夜景视频，效果如图 7-28 所示。

图7-28　夜景视频效果

【航拍运镜篇】

图8-8　俯视旋转下降镜头（续）

第9章　学会智能运镜拍摄

章前知识导读

在上一章中，我们学习了8种运镜航拍方式，而本章中将向大家介绍智能跟随以及一键短片的拍摄方法。智能跟随包括3种模式，分别为："跟随""聚焦"以及"环绕"，而一键短片又包括了"渐远""冲天""环绕""螺旋""彗星"以及"小行星"，希望大家熟练掌握本章内容。

新手重点索引

▶ 智能跟随：紧跟目标进行航拍
▶ 一键短片：轻松拍出成品视频

9.1 智能跟随：紧跟目标进行航拍

大疆 Mavic 3 Pro 无人机有"跟随""聚焦"和"环绕"焦点跟随模式，不同模式下的拍摄效果会有所区别。在跟随人、车、船等移动物体的时候，使用焦点跟随模式，可以让你解放双手，实现拍摄自由。

9.1.1 "跟随"模式

扫码看视频

在大疆 Mavic 3 Pro 无人机的"跟随"模式下，用户可以让无人机从 4 个方向跟随目标。本节将为大家介绍具体的操作方法。

1. 选择目标和模式

无人机在跟随拍摄之前，需要用户框选目标，然后进行相应的设置。下面介绍具体的操作方法。

在 DJI Fly App 的相机界面中，用手指在屏幕上框选游船为目标，框选成功之后，目标处于绿框内；绿框下面显示▄▄图标，表示目标为船；在弹出的面板中选择"跟随"模式，如图 9-1 所示。

图9-1 选择"跟随"模式

温馨提示

在框选目标之后，无人机会自动辨识目标物的特征。在绿框下方，根据属性的不同，人、车、船等目标会显示不同的图标。

2. 无人机跟随目标

在选中目标并进入跟随模式之后，无人机将跟随目标飞行，在飞行的过程中也可以拍摄视频，

面为大家介绍具体的操作方法。

STEP 01 在上小一节的操作之后，会弹出"追踪"菜单，默认选择 B 选项；点击 GO 按钮，如图 9-2 所示。在"追踪"菜单中，B 表示从背后跟随；F 表示从正面跟随；R 表示从右侧跟随；L 表示从左侧跟随。

图9-2　点击GO按钮

STEP 02 无人机将跟随船向前飞行，此时用户可以点击拍摄按钮，拍摄视频，飞行完成之后，点击 Stop 按钮，无人机即可停止自动和跟随，如图 9-3 所示。

图9-3　点击Stop按钮

9.1.2 "聚焦"模式

当我们使用"聚焦"跟随模式时，无人机将锁定目标，不论无人机向哪个方向飞行，相机镜头都会一直锁定目标。如果用户没有进行操控，那么无人机将保持固定位置不动，但云台镜头会紧紧锁定并跟踪目标。

用户也可以调整云台的俯仰角度，进行构图拍摄，下面介绍具体的操作方法。

STEP 01 在 DJI Fly App 的相机界面中，用户在屏幕中框选船为目标，框选成功之后，目标处于绿框内；默认选择"聚焦"模式，如图9-4所示。

图9-4　选择"聚焦"模式

STEP 02 在船移动的时候，无人机会调整云台相机的角度来锁定船，此时，用户可以拨动云台俯仰拨轮，设置俯仰角度为-3°，调整构图，无人机在"聚焦"模式下，也会自动让框选目标处于画面中间的位置，如图9-5所示。

图9-5　设置俯仰角度为-3°

STEP 03 当目标慢慢远离的时候，点击绿框左上角的按钮，退出"聚焦"跟随模式，如图 9-6 所示。

图9-6　退出"聚焦"跟随模式

扫码看视频

9.1.3　"环绕"模式

　　"环绕"模式是指无人机在跟随目标的同时进行环绕飞行。使用"环绕"跟随模式，可以让无人机进行向左或向右环绕，同时还能设置环绕飞行的速度，下面介绍具体的操作方法。

STEP 01 在 DJI Fly App 的相机界面中，用户在屏幕中框选船为目标，框选成功之后，目标处于绿框内；绿框下面显示█图标，表示目标为船；在弹出的面板中选择"环绕"模式，如图 9-7 所示。

图9-7　选择"环绕"模式

127

STEP 02 设置向左环绕的方式；点击 GO 按钮，无人机将跟随并环绕船，向左飞行，如图 9-8 所示。

图9-8 点击GO按钮

STEP 03 用户可以点击拍摄按钮 ，拍摄视频，飞行完成之后，点击 Stop 按钮，无人机即可停止自动飞行，如图 9-9 所示。

图9-9 点击Stop按钮停止自动飞行

9.2　一键短片：轻松拍出成品视频

在 DJI Fly App 相机中有一键短片模式，用户可以运用这种模式快速拍出精彩的成品视频。本节主要介绍如何用一键短片模式进行拍摄，包含"渐远""冲天""环绕""螺旋""彗星"和"小行星"几种模式。不同模式拍摄出来的视频效果会有所不同，大家在学会这些模式之后，就可以自由地进行航拍创作了。

9.2.1　"渐远"模式飞行

"渐远"模式是指无人机以目标为中心，逐渐后退并上升飞行，下面将为大家介绍具体的操作方法。

1. 选择拍摄目标

在使用"渐远"模式拍摄视频的时候，需要先选择拍摄目标，无人机才能进行相应的飞行操作，下面介绍具体的操作方法。

STEP 01 在 DJI Fly App 的相机界面中，点击右侧的拍摄模式按钮▦▦▦，如图 9-10 所示。

图9-10　点击拍摄模式按钮

STEP 02 在弹出的面板中，选择"一键短片"选项；选择"渐远"拍摄模式，如图 9-11 所示，框选目标。

2. 无人机进行飞行拍摄

用户在选好目标之后，接下来无人机就可以进行飞行拍摄了，下面介绍具体的操作方法。

STEP 01 目标被选择之后，会在绿色的方框内，默认飞行"距离"参数为 30m，点击 Start 按钮，如图 9-12 所示。

图9-11 选择"渐远"拍摄模式

图9-12 点击Start按钮

温馨提示

点击"距离"右侧的下拉按钮☑，可以调整飞行距离。

STEP 02 执行操作后，无人机将进行后退和拉高飞行，如图 9-13 所示。

图9-13　无人机进行后退和拉高飞行

STEP 03 拍摄任务完成后，无人机将自动返回任务起点，如图 9-14 所示。

图9-14　无人机自动返回任务起点

STEP 04 使用"渐远"模式拍摄的视频效果如图 9-15 所示。

图9-15　使用"渐远"模式拍摄的效果

扫码看视频

9.2.2 "冲天"模式飞行

使用"冲天"模式拍摄时，在框选目标对象后，无人机的云台相机将垂直调整至 90° 俯视目标对象，然后开始 垂直上升，逐渐远离目标对象，下面介绍具体的操作方法。

STEP 01 在拍摄模式面板中，选择"一键短片"选项；选择"冲天"模式，如图 9-16 所示，框选目标。

STEP 02 点击下拉按钮▼，设置"高度"为 50m；点击 Start 按钮，如图 9-17 所示。

STEP 03 无人机即可开始进行冲天飞行，拍摄完成后，将自动返回任务起点，如图 9-18 所示。

STEP 04 使用"冲天"模式拍摄的效果如图 9-19 所示。

图9-16　选择"冲天"模式

图9-17　点击Start按钮

图9-18　无人机自动返回任务起点

图9-19　使用"冲天"模式拍摄的效果

扫码看视频

9.2.3　"环绕"模式飞行

"环绕"模式是指无人机将围绕目标对象进行环绕飞行，下面介绍具体的操作方法。

STEP 01 在 DJI Fly App 的相机界面中，点击拍摄模式按钮□，在弹出的面板中，选择"一键短片"选项；选择"环绕"拍摄模式，如图 9-20 所示，框选目标。

STEP 02 框选目标之后，默认选择逆时针环绕飞行方式，点击 Start 按钮，如图 9-21 所示。

STEP 03 无人机开始围绕球形建筑物进行环绕飞行，效果如图 9-22 所示。

STEP 04 使用"环绕"模式拍摄的效果如图 9-23 所示。

图9-20　选择"环绕"拍摄模式

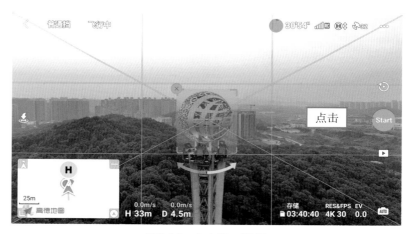

图9-21　点击Start按钮

图9-22　无人机围绕球形建筑物进行环绕飞行

图9-23　使用"环绕"模式拍摄的效果

扫码看视频

9.2.4 "螺旋"模式飞行

"螺旋"模式是指无人机围绕目标对象飞行一圈之后，逐渐拉升一段距离，下面介绍具体的操作方法。

STEP 01 在 DJI Fly App 的相机界面中，点击拍摄模式按钮□，在弹出的面板中，选择"一键短片"选项；选择"螺旋"拍摄模式，如图 9-24 所示，框选目标。

STEP 02 框选目标之后，选择顺时针环绕方式；点击 Start 按钮，如图 9-25 所示。

STEP 03 无人机即可围绕目标对象顺时针飞行一圈，并逐渐拉升一段距离，如图 9-26 所示，之后会返回任务起点。

图9-24　选择"螺旋"拍摄模式

图9-25　点击Start按钮

图9-26　无人机围绕目标对象顺时针飞行并逐渐拉升

STEP 04 使用"螺旋"模式拍摄的效果如图 9-27 所示。

图9-27 使用"螺旋"模式拍摄的效果

9.2.5 "慧星"模式飞行

扫码看视频

使用"彗星"模式拍摄时，无人机将以椭圆的轨迹飞行，环绕到目标对象的后面并飞回起点，下面介绍具体的操作方法。

STEP 01 在 DJI Fly App 的相机界面中，点击左侧的拍摄模式按钮▢，在弹出的面板中选择"一键短片"选项；选择"彗星"拍摄模式，如图 9-28 所示。

STEP 02 框选车为目标点，框选目标之后，选择逆时针环绕方式。

STEP 03 点击 Start 按钮，如图 9-29 所示，无人机即可开始环绕飞行，最后再飞回起点，效果如图 9-30 所示。

图9-28　选择"彗星"拍摄模式

图9-29　点击Start按钮

图9-30　使用"彗星"模式拍摄的效果

图9-30 使用"彗星"模式拍摄的效果（续）

9.2.6 "小行星"模式飞行

使用"小行星"模式拍摄时，可以完成一个从局部到全景的漫游小视频，下面介绍具体的操作方法。

STEP 01 在 DJI Fly App 的相机界面中，点击左侧的拍摄模式按钮 □，在弹出的面板中，选择"一键短片"选项；选择"小行星"拍摄模式，如图 9-31 所示。

图9-31 选择"小行星"拍摄模式

STEP 02 在屏幕中框选球形建筑物为目标点；点击 Start 按钮，无人机开始飞行，如图 9-32 所示。

STEP 03 执行操作后，即可使用"小行星"模式拍摄，视频效果如图 9-33 所示。

图9-32　点击Start按钮

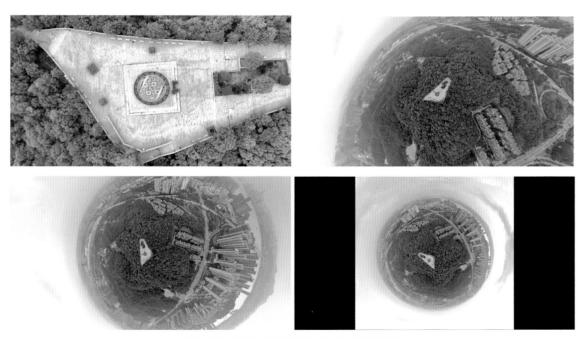

图9-33　使用"小行星"模式拍摄的效果

第 10 章　3 倍、7 倍与 28 倍变焦

章前知识导读

大疆 Mavic 3 Pro 无人机最大的亮点就在于搭载的镜头，Mavic 3 Pro 的主摄像头配备了哈苏镜头，并新增了一颗 4800 万像素、1/1.3 英寸传感器，同时配备了等效 70mm F2.8 恒定光圈镜头。哈苏广角相机、中长焦相机和长焦相机这 3 个镜头可以实现多段变焦，让航拍带来了了更多的玩法。本章将为大家介绍相应的变焦模式和拍摄技巧。

新手重点索引

▶ 3 种模式：设置变焦参数
▶ 4 种拍法：掌握长焦技巧

扫码看视频

10.1　3种模式：设置变焦参数

大疆 Mavic 3 Pro 的多段变焦功能可以让创作者更加自由地发挥，从而有效提升航拍的效率。本节将为大家介绍相应的变焦参数设置方法。

10.1.1　3倍变焦

用户在实际航拍过程中，使用中长焦相机的频率可能会比使用哈苏广角相机拍摄的频率还要多，因为用户可以利用 3 倍变焦来突出主体。下面为大家介绍设置 3 倍变焦的方法。

STEP 01 在 DJI Fly App 的相机界面中，点击对焦条上的"3"按钮，如图 10-1 所示。

图10-1　点击对焦条上的"3"按钮

STEP 02 执行操作后，微微调整云台的俯仰角度，即可突出桥的主体，如图 10-2 所示。

图10-2　3倍变焦下的画面效果

10.1.2　7 倍长焦

3 倍变焦可以让画面具有空间压缩感，而 7 倍变焦则能放大主体，并对局部进行细致刻画。下面为大家介绍设置 7 倍变焦的方法。

点击对焦条上的 7 按钮，即可实现 7 倍变焦，如图 10-3 所示，在构图时，把桥放大，可以微微调整镜头以获得更佳的拍摄效果。

图10-3　7倍变焦下的画面效果

10.1.3　28 倍放大镜

在"探索"模式下，相机镜头可以实现 28 倍混合变焦，满足一些用户的创作探索需求。下面为大家介绍设置 28 倍变焦的方法。

STEP 01 在 DJI Fly App 的相机界面中，点击左侧的拍摄模式按钮▨，在弹出的面板中，选择"录像"选项；选择"探索"拍摄模式；点击拍摄画面，如图 10-4 所示，消除弹出的提示。

图10-4　点击拍摄画面

STEP 02 用双指将屏幕放大到最大，即可实现 28 倍混合变焦，在此模式下可以查看桥梁上的部分纹路和细节，如图 10-5 所示。

图10-5　28倍混合变焦下的画面效果

10.2　4 种拍法：掌握长焦技巧

有了长焦镜头，我们就可以用无人机拍出更多具有空间压缩感和富有创意的视频。本节将为大家介绍实现希区柯克变焦的方法以及如何用长焦拍摄视频。

10.2.1　希区柯克拍法

希区柯克变焦也称滑动变焦，是指通过改变被拍摄主体与背景之间的距离，而保持主体本身大小不变，从而营造出一种空间扭曲感的视觉效果，下面为大家介绍具体的拍法。

STEP 01 无人机先远离主体，并让主体处于画面正中，在相机界面中，点击航点飞行按钮 ，弹出相应的面板，点击下拉按钮；点击 + 按钮，添加航点 1，如图 10-6 所示。

① 点击　② 添加

图10-6　添加航点1

STEP 02 向上推动右摇杆，让无人机向前飞行一段距离，靠近主体，点击 ➕ 按钮，添加航点 2；点击航点 1，如图 10-7 所示。

STEP 03 在弹出的面板中，点击"变焦"按钮；拖曳滑块，设置 3 倍变焦；点击返回按钮 ，如图 10-8 所示。

图10-7　点击航点1

图10-8　点击返回按钮（1）

STEP 04 点击航点 2，在弹出的面板中，点击"相机动作"按钮；选择"开始录像"选项；点击返回按钮 ，如图 10-9 所示。

STEP 05 点击航点 1，在弹出的面板中，设置"相机动作"为"结束录像"选项；点击返回按钮 ，如图 10-10 所示。

STEP 06 点击更多按钮 ，在弹出的面板中，设置"全局速度"为 4.1m/s；点击 GO 按钮，如图 10-11 所示。

STEP 07 执行操作后，无人机即可按照所设的航点进行飞行，如图 10-12 所示，开始飞行时，可以点击拍摄按钮 ，拍摄视频。

图10-9　点击返回按钮（2）

图10-10　点击返回按钮（3）

图10-11　点击GO按钮

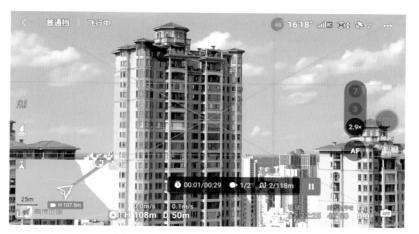

图10-12　无人机按照航点进行飞行

STEP 08　拍摄完成后，即可查看视频效果，可以看到画面主体的大小没有改变，而背景却有所变化，如图 10-13 所示。

图10-13　查看视频效果

10.2.2 长焦延时视频

长焦就是将远处的风景拉近，使人产生一种身临其境的感觉。下面为大家介绍拍摄长焦延时视频的具体方法。

STEP 01 在 DJI Fly App 的相机界面中，点击右侧的拍摄模式按钮 ▭，如图 10-14 所示。

图10-14　点击拍摄模式按钮

STEP 02 在弹出的面板中，选择"延时摄影"选项；默认选择"自由延时"拍摄模式，如图 10-15 所示。

图10-15　选择"自由延时"拍摄模式

STEP 03 点击对焦条上的"3"按钮，让画面实现 3 倍变焦，如图 10-16 所示。

STEP 04 适当调整位置，点击拍摄按钮 ◉，如图 10-17 所示。

STEP 05 照片拍摄完成后，弹出"正在合成视频"提示，如图 10-18 所示，右侧也会显示合成的进度。

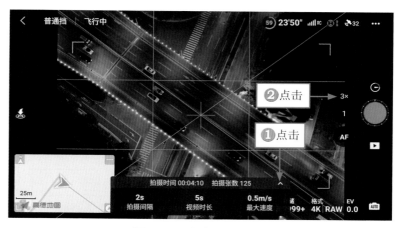

图10-16　点击"3"按钮

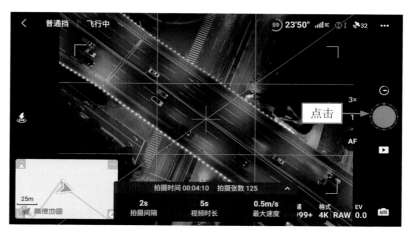

图10-17　点击拍摄按钮

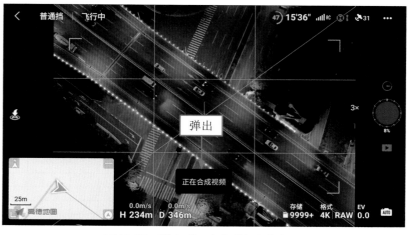

图10-18　弹出"正在合成视频"提示

STEP 06 合成完毕后，弹出"视频合成完毕"提示，表示视频拍摄已完成，如图 10-19 所示。

图10-19　弹出"视频合成完毕"提示

STEP 07 用长焦拍摄的延时视频效果如图 10-20 所示。

图10-20　用长焦拍摄的延时视频效果

10.2.3　前景遮挡视频

前景遮挡指的是遮住拍摄主体,使视频内容更加丰富,通过遮挡物和被遮挡物之间的层次关系,营造出一种立体感和空间感,让观众更加深入地感受视频的场景和氛围。要实现前景遮挡,一定要找到合适的遮挡物,下面为大家介绍具体的拍法。

STEP 01 在 DJI Fly App 的相机界面的"录像"模式下,点击对焦条上的"3"按钮;点击拍摄按钮●,如图 10-21 所示。

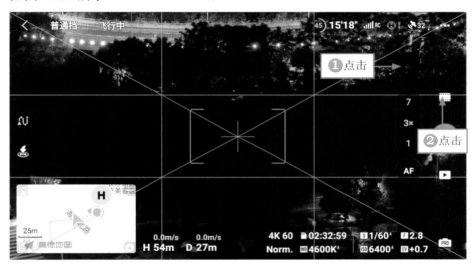

图10-21　点击拍摄按钮

STEP 02 向上推动左摇杆,让无人机慢慢上升拍摄视频,效果如图 10-22 所示。

图10-22　前景遮挡视频的拍摄效果

10.2.4　长焦拍摄视频

对于基本飞行动作,利用长焦拍摄视频可以让拍摄的画面更加简洁,构图更加清晰。下面为大家介绍如何用长焦拍摄视频。

STEP 01 在 DJI Fly App 的相机界面的"录像"模式下，点击对焦条上的"3"按钮；再稍微调整云台的俯仰角度；点击拍摄按钮 ⬤，如图 10-23 所示。

图10-23　点击拍摄按钮

STEP 02 向左推动右摇杆，即可拍摄长焦侧飞视频，效果如图 10-24 所示。

图10-24　拍摄长焦侧飞视频

第 11 章　大师镜头套模板快速出片

章前知识导读

大师镜头对于初学者来说，是非常实用的一个智能拍摄模式。当你面对目标物，却不知道如何运镜时，在 DJI Fly App 的相机界面中选择"大师镜头"拍摄模式，就能给你带来独特的视角和惊喜。大师镜头包含了 3 种飞行轨迹、10 段镜头以及 20 种模板，本章将帮助大家学习使用这个模式。

新手重点索引

▶ 近景拍法：3 种方法快速出片

▶ 人像拍法：3 个步骤实现拍摄

11.1　近景拍法：3 种方法快速出片

在"大师镜头"模式下，无人机会根据拍摄对象自动规划出飞行轨迹。本节主要介绍如何使用大师镜头拍摄近景建筑，并选择合适的模板，使无人机自动剪辑成片。

11.1.1　选择目标

在拍摄视频之前，需要选择目标，用户可以通过框选或者点选的方式选择目标，下面介绍具体的操作方法。

STEP 01 在 DJI Fly App 的相机界面中，点击右侧的拍摄模式按钮 ⬜，如图 11-1 所示。

图11-1　点击右侧的拍摄模式按钮

STEP 02 在弹出的面板中，选择"大师镜头"选项；点击 ↙ 按钮，消除提示，如图 11-2 所示。

图11-2　点击相应按钮

STEP 03 在屏幕中框选目标对象，待方框内的区域变绿，即表示目标选择成功，如图 11-3 所示。

图11-3　成功选择目标

11.1.2　航拍 10 段大师镜头

在选择完目标之后，下一步就是拍摄镜头。在拍摄过程中，无人机会按照预设的轨迹飞行和进行运镜拍摄，这时候不需要操作摇杆，只需要观察无人机周围有无障碍物即可，如果遇到障碍物，应及时按下急停按键，让无人机停止飞行，下面介绍相应的操作方法。

STEP 01 点击界面下方弹出的面板，可以展开并设置轨迹参数，如图 11-4 所示。

图11-4　设置轨迹参数

STEP 02 设置完成之后，点击 Start 按钮，开始拍摄任务，如图 11-5 所示。

STEP 03 界面下方弹出"请关注飞行环境安全"提示，提示用户注意无人机的安全，及时避障，如图 11-6 所示。

STEP 04 之后弹出"位置调整中⋯"提示，无人机会自动调整位置，如图 11-7 所示。

图11-5　点击Start按钮

图11-6　弹出"请关注飞行环境安全"提示

图11-7　弹出"位置调整中…"提示

STEP 05 界面中弹出"渐远"提示，表示无人机已经开始运镜拍摄；界面右侧会显示拍摄进度，如图 11-8 所示。

图11-8　显示拍摄进度

STEP 06 下面我们来欣赏拍摄好的 10 段镜头，效果如图 11-9 所示。

渐远

远景环绕

图11-9　拍摄好的10段镜头效果展示

无人机摄影摄像：飞行技法 + 航拍运镜 + 后期修图 + 视频制作

抬头前飞

近景环绕

中景环绕

冲天

图11-9　拍摄好的10段镜头效果展示（续）

扣拍前飞

扣拍旋转

平拍下降

扣拍下降

图11-9　拍摄好的10段镜头效果展示（续）

STEP 07 拍摄完成后，界面中弹出"拍摄任务完成，将自动返回任务起点"提示信息，如图 11-10 所示，之后无人机飞回起点。

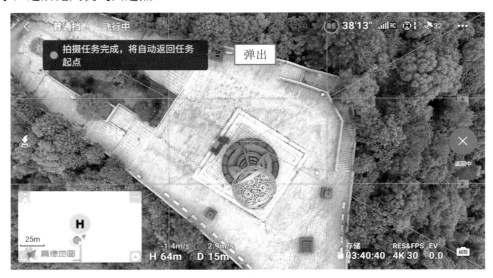

图11-10　弹出拍摄任务完成的提示

11.1.3　套用模板生成视频

在 DJI Fly App 中，有 20 种风格模板可选，大家可以根据视频内容选择合适的模板，并一键导出成品视频，下面介绍具体的操作方法。

STEP 01 在相机界面中点击回放按钮 ▶，如图 11-11 所示。

图11-11　点击回放按钮

STEP 02 切换至相应选项卡；选择拍摄好的视频素材，如图 11-12 所示。

图11-12　选择拍摄好的视频素材

STEP 03 进入相应的界面，点击"生成大师镜头"按钮，如图 11-13 所示。

图11-13　点击"生成大师镜头"按钮

STEP 04 切换至"欢快"选项卡；选择"绿荫时光"选项；点击导出按钮，如图 11-14 所示。

STEP 05 界面中弹出"作品已导出至本地相册"提示，如图 11-15 所示，成功导出视频。

图11-14　点击导出按钮

图11-15　弹出"作品已导出至本地相册"提示

扫码看视频

11.2　人物拍法：3个步骤实现拍摄

使用大师镜头也可以拍摄人物，但人物的位置最好是固定不变的，否则无人机的画面构图可能会出现偏移。本节主要介绍如何用大师镜头拍摄人物、套用模板，快速导出视频。

11.2.1　以人物为目标

在相机屏幕中点击人物身上的　按钮，就可以框选人物作为目标，下面介绍具体操作方法。

STEP 01 在 DJI Fly App 的相机界面中，点击左侧的拍摄模式按钮□，在弹出的面板中，选择"大师镜头"选项；点击▲按钮，消除提示，如图 11-16 所示。

图11-16　点击相应按钮

STEP 02 点击人物身上的➕按钮；点击 Start 按钮，如图 11-17 所示，无人机开始拍摄。

图11-17　点击Start按钮

11.2.2　航拍 10 段大师镜头

在使用大师镜头拍摄人物的时候，无人机会拍摄 10 段镜头画面。下面为大家展示拍摄好的视频效果，如图 11-18 所示。

缩放变焦

中景环绕

近景环绕

渐远

图11-18　拍摄人物的10段镜头画面

远景环绕

抬头前飞

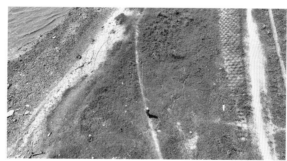

冲天

扣拍旋转

图11-18　拍摄人物的10段镜头画面（续）

平拍下降

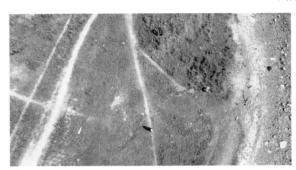 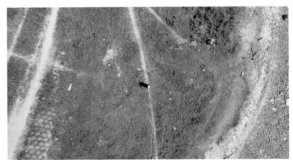

扣拍下降

图11-18　拍摄人物的10段镜头画面（续）

11.2.3　套用模板生成视频

在套用模板的时候，最好选择与视频风格类似的模板，这样生成的视频才更自然，下面介绍具体的操作方法。

STEP 01 在 DJI Fly App 的相册中选择拍摄好的大师镜头人物视频，进入相应的界面，点击"生成大师镜头"按钮，如图 11-19 所示。

STEP 02 切换至"流行"选项卡；选择"探索远方"选项；点击导出按钮，如图 11-20 所示，即可导出成品视频。

温馨提示

大师镜头的 3 种飞行轨迹还包括了远景拍法，与其他两种拍法相比，可能会存在一些运镜上的差异。由于飞行拍摄的操作步骤都是相同的，因此就不做详细的介绍了。

图11-19　点击"生成大师镜头"按钮

图11-20　点击导出按钮

第 12 章　时间压缩下的运动之美

章前知识导读

无人机的延时摄影功能是机航拍中一个显著的亮点，掌握这项功能，可以让你的无人机航拍水平再上升一个台阶。在拍摄慢速或连续变化的场景时，如日出日落、云彩飘动、城市夜景等，延时摄影能让观众有一种独特的视觉体验。本章将为大家介绍使用无人机进行延时摄影的方法。

新手重点索引

▶ 准备：延时摄影的工作要点

▶ 模式：4 种延时视频

12.1　准备：延时摄影的工作要点

　　延时摄影是将几个小时、几天、或更长时间中拍摄的画面，通过串联或者是抽掉帧数的方式，将其压缩，在短时间内播放，在视觉上给人一种时间流逝的感觉。

　　大疆生产的大部分无人机已经内置了延时摄影功能，即使新手也可以轻松拍摄出电影级别的延时摄影作品。本节主要介绍航拍摄影延时的相关注意事项。

12.1.1　了解拍摄要点

　　航拍摄影延时的最终成果是浓缩的视频，它具有以下特点。

　　① 航拍摄影延时可以把拍摄 20 分钟的视频在 10 秒内、甚至是 5 秒内播放完毕，从而展现时间的飞逝。

　　② 航拍摄影延时的时候，推荐大家以照片序列的形式进行拍摄，然后通过再后期合成视频。照片序列所需的容量要比记录 20 分钟的视频空间要小很多，同时也为后期处理提供了空间。

　　③ 航拍摄影延时的画质高，夜景拍摄快门速度可以延长至 1 秒，有助于轻松控制噪点。

　　④ 航拍摄影延时可以长曝光，快门速度设置为 1 秒时，汽车的车灯就会形成光轨。

　　⑤ 用户可以选择拍摄 DNG 格式的原片，后期调整的空间很大，这样可以让制作出来的视频画质更高，从而保留更多的图像细节。

　　对于航拍延时的拍摄技巧，在这里总结了一些经验。

　　① 飞行高度要尽量高，距离拍摄物体保持一定距离后，可以在一定程度上忽略无人机带来的飞行误差。

　　② 要采用边飞边拍的智能飞行模式拍摄，自动飞行远比停下来拍摄或手动操作要更为稳定。

　　③ 飞行速度要慢，一是为了使无人机在相对稳定的速度下拍摄，避免画面模糊不清；二是因为航拍延时通常要拍摄几分钟，只有很慢的速度才能保证最终视频的播放速度适宜，比如拍摄一段旋转下降的延时视频，如果飞行速度过快，那么旋转的速度也会很快，最终的视频画面会让人看得头晕。

　　④ 间隔越短越好。建议大家在拍摄时，最好设置 2 秒的拍摄间隔，避免通过手动按快门的方式拍摄。

　　⑤ 避免前景过近和后景层次太多。无人机毕竟有误差，前景过近和后景层次太多都会影响后期的画面稳定性，无法修正视频抖动的情况。

　　⑥ 要了解无人机最慢快门速度。根据测试，在 1.6 秒的快门速度下，延时视频的清晰度就会急剧下降，建议快门速度控制在 1 秒左右。

　　⑦ 建议在飞行前校准指南针，减缓定向延时、轨迹延时飞行方向的偏差。

　　⑧ 建议在无风或微风的环境下进行航拍延时，因为风速过大会影响无人机的稳定性，继而导致延时成片抖动，在开始拍摄前应通过目视或观察姿态球判断无人机的姿态是否平稳。

⑨ 避免画面中出现强光闪烁，如户外大屏幕、舞台灯光等。

⑩ 为了确保成片主体的完整性，建议在取景框内进行构图拍摄。

12.1.2　做好准备工作

延时拍摄需要投入大量的时间成本，有时候需要好几个小时才能拍出一段理想的画面，如果你不想自己拍出来的是废片，那么就要事先做好充足的准备，这样才能更好地提高出片效率。下面介绍几点延时航拍前的准备工作。

（1）存储卡在延时拍摄中很重要，在连续拍摄的过程中，如果 SD 卡存在缓存问题，就很容易导致画面卡顿，甚至漏拍。在拍摄前，最好准备一张大容量、高传输速度的 SD 卡。

（2）设置好拍摄参数，推荐大家用 M 挡拍摄，可以在拍摄中根据光线变化调整光圈，快门速度和 ISO 参数。

（3）建议启用保存原片设置，保存原片会给后期调整带来了更多的空间，也有助于制作出 4K 分辨率的延时视频效果。

（4）白天进行拍摄延时的时候，建议配备 ND64 滤镜，将快门速度设置为 1/8 秒，以获得延时视频所需的自然进行动感模糊效果。

（5）建议用户采用手动对焦，对准目标自动对焦完毕后，切换至手动模式，避免拍摄过程中焦点漂移，导致画面不清晰。

（6）由于延时拍摄的时间较长，建议在无人机满电或者电量充足的情况下进行拍摄，以避免无人机电量不足影响拍摄效率。

12.1.3　了解延时模式

建议新手用户在开始学习航拍延时视频的时候，可以先从无人机内置的延时功能开始学习，后续再根据拍摄需求增加自定义拍摄方法。下面介绍进入"延时摄影"模式的操作方法。

STEP 01 在 DJI Fly App 的相机界面中，点击左侧的拍摄模式按钮 ，如图 12-1 所示。

图12-1　点击拍摄模式按钮

STEP 02 在弹出的面板中，选择"延时摄影"选项；会弹出 4 种延时拍摄模式，有"自由延时""环绕延时""定向延时""轨迹延时"，如图 12-2 所示。

图12-2　4种延时拍摄模式

扫码看视频

12.1.4　保存 RAW 格式

在进行航拍延时的时候，我们一定要保存延时摄影的原片，否则，无人机在拍摄完成后只会合成一个 1080p 的延时视频，这个视频像素是满足不了我们需求的，只有保存了原片，后期调整空间才会更大，制作出来的延时视频效果才会更好看。

下面介绍保存 RAW 格式的操作方法，具体步骤如下。

STEP 01 在飞行界面中点击拍摄模式按钮 ，进入相应的面板，选择"延时摄影"选项，默认进入"自由延时"模式；点击系统设置按钮 •••，如图 12-3 所示。

图12-3　点击系统设置按钮

STEP 02 点击"拍摄"按钮，进入"拍摄"设置界面；在"延时摄影"板块中选择 RAW 的原片类型；开启"取景框"，如图 12-4 所示。

图12-4　开启"取景框"

　　RAW 原片的后期处理空间很大，拍摄完成的 RAW 原片可以在 Photoshop 或者 Lightroom 等软件中进行批量处理，这样在合成延时视频的时候，就能使视频画面的色彩效果更佳。

STEP 03 还有一个保存原片的方法，在延时摄影模式下，点击右下角的"格式"按钮；在弹出的面板中选择 RAW 格式，如图 12-5 所示，即可完成保存 RAW 原片的设置。

图12-5　选择RAW格式

12.2　模式：4 种延时视频

　　目前大疆无人机包含 4 种延时模式，选择相应的延时拍摄模式后，无人机将在设定的时间内自动拍摄一定数量的序列照片，并生成延时视频。本节主要介绍 4 种延时摄影模式的拍法，帮助大家学会拍摄延时视频。

12.2.1 自由延时

自由延时是唯一一种不用起飞无人机就可以拍摄的延时模式，可以在地面拍摄，也可以在空中悬停拍摄。不过，随着定速巡航功能的更新，其也可以搭配自由延时一起使用，从而可以拍出大范围的移动延时视频。下面介绍自由延时的基本拍法。

STEP 01 在 DJI Fly App 的相机界面中，点击左侧的拍摄模式按钮□，如图 12-6 所示。

图12-6　点击拍摄模式按钮

STEP 02 在弹出的面板中，选择"延时摄影"选项；默认选择"自由延时"拍摄模式；点击下拉按钮∨，如图 12-7 所示。

图12-7　点击下拉按钮

STEP 03 界面下方会显示"拍摄间隔""视频时长""最大速度",点击"拍摄间隔"按钮,如图 12-8 所示。

图12-8　点击"拍摄间隔"按钮

STEP 04 设置间隔时间为 2s;点击✔按钮确认;点击拍摄按钮⬤,如图 12-9 所示。

图12-9　点击拍摄按钮

STEP 05 执行操作后,无人机开始拍摄序列照片,如图 12-10 所示,在照片张数右侧有个 **+1s** 按钮,如果点击该按钮,最终合成的视频时长将增加 1s,拍摄张数会增加 25 张,拍摄时间也会延长。

STEP 06 照片拍摄完成后,弹出"正在合成视频"提示,右侧也会显示合成的进度,如图 12-11 所示。

STEP 07 待合成完毕后,弹出"视频合成完毕"提示,表示视频已经拍摄完成,如图 12-12 所示。

图12-10　无人机开始拍摄序列照片

图12-11　弹出"正在合成视频"提示

图12-12　弹出"视频合成完毕"提示

下面欣赏拍摄好的自由延时视频，其主要记录了天空中云朵的变化，如图 12-13 所示。

图12-13　自由延时视频效果

扫码看视频

12.2.2　环绕延时

在"环绕延时"模式中，无人机可以自动根据框选的目标计算环绕半径，用户可以选择顺时针或者逆时针进行环绕拍摄。在选择环绕的目标对象时，应尽量选择位置上不会发生明显变化的物体。下面介绍环绕延时的具体拍法。

STEP 01 在 DJI Fly App 的相机界面中，点击左侧的拍摄模式按钮□，在弹出的面板中，选择"延时摄影"选项；选择"环绕延时"拍摄模式，如图 12-14 所示。

STEP 02 在 DJI Fly App 的相机界面中，点击对焦条上的"3"按钮，如图 12-15 所示，实现 3 倍变焦，使主体更加突出。

STEP 03 再次点击左侧的按钮▓，在弹出的面板中，选择"延时摄影"选项；选择"环绕延时"拍摄模式，如图 12-16 所示。

图12-14　选择"环绕延时"拍摄模式

图12-15　点击对焦条上的"3"按钮

图12-16　选择"环绕延时"拍摄模式

STEP 04 用手指在屏幕中框选目标点，如图 12-17 所示。

图12-17　框选目标点

STEP 05 点击拍摄按钮 ⬤，如图 12-18 所示。

图12-18　点击拍摄按钮

STEP 06 无人机会测算一段距离，测算完成后，拍摄进度会更新，如图 12-19 所示。

STEP 07 拍摄完成后，界面中弹出"正在合成视频"提示，如图 12-20 所示。

STEP 08 合成完成后，弹出"视频合成完毕"提示，表示视频已经拍摄完成，如图 12-21 所示。

图12-19　拍摄进度会更新

图12-20　弹出"正在合成视频"提示

图12-21　弹出"视频合成完毕"提示

下面来欣赏拍摄好的环绕延时视频，其记录了云朵的变化，效果如图 12-22 所示。

图12-22　环绕延时视频效果

扫码看视频

12.2.3　定向延时

"定向延时"模式通常用于拍摄直线飞行的移动延时，也可以拍摄甩尾效果的视频。在"定向延时"模式下，系统一般默认以当前无人机的朝向为设定的飞行方向，如果不更改无人机的镜头朝向，无人机将向前飞行。下面介绍定向延时的具体拍法。

STEP 01　在 DJI Fly App 的相机界面中，点击左侧的拍摄模式按钮□，在弹出的面板中，选择"延时摄影"选项；选择"定向延时"拍摄模式；点击 按钮消除提示，如图 12-23 所示。

STEP 02　点击锁定按钮🔒，锁定航线🔒；点击下拉按钮✔，如图 12-24 所示。

STEP 03　设置默认的视频时长和速度，点击"拍摄间隔"按钮，如图 12-25 所示。

图12-23 选择"定向延时"模式

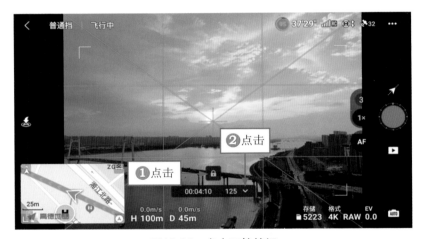

图12-24 点击下拉按钮

图12-25 点击"拍摄间隔"按钮

STEP 04 设置 "拍摄间隔" 参数为 2s；点击 ✓ 按钮；点击拍摄按钮 ⬤，如图 12-26 所示。

图12-26　点击拍摄按钮

STEP 05 照片拍摄完成后，无人机会自动合成延时视频，如图 12-27 所示。

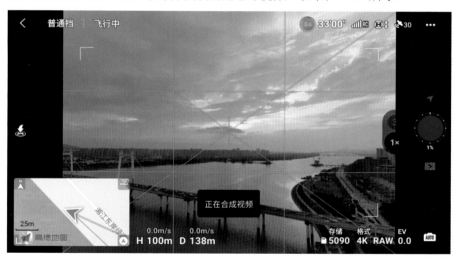

图12-27　无人机自动合成延时视频

下面来欣赏拍摄好的定向延时视频，效果如图 12-28 所示。

图12-28　定向延时视频效果

扫码看视频

12.2.4　轨迹延时

使用"轨迹延时"拍摄模式时，可以设置多个航点，主要目的是需要确定画面的起幅和落幅。在拍摄之前，用户需要让无人机沿着预定航线飞行，并在到达所需的高度并设定好朝向后再添加航点，每个航点会记录无人机的高度、朝向和摄像头角度。

全部航点设置完毕后，无人机可以按正序或倒序的方式进行轨迹延时拍摄。下面介绍轨迹延时的具体拍法。

STEP 01 在 DJI Fly App 的相机界面中，点击左侧的拍摄模式按钮□，在弹出的面板中，选择"延时摄影"选项；选择"轨迹延时"拍摄模式，如图 12-29 所示。

STEP 02 点击下拉按钮▼，如图 12-30 所示。

STEP 03 点击▬＋▬按钮，设置无人机轨迹飞行的起幅点，如图 12-31 所示。

图12-29　选择"轨迹延时"拍摄模式

图12-30　点击下拉按钮

图12-31　设置无人机轨迹飞机的起幅点

STEP 04 让无人机向前飞行一段距离，点击 ▇ 按钮，继续添加轨迹点，如图 12-32 所示。

图12-32 设置飞行轨迹点

STEP 05 让无人机再向前飞行一段距离，点击 ▇ 按钮，添加落幅点，如图 12-33 所示。

图12-33 添加落幅点

STEP 06 设置"正序"拍摄顺序；设置"拍摄间隔"参数为2s；设置"视频时长"参数为8s；点击拍摄按钮，如图 12-34 所示。

图12-34　点击拍摄按钮

STEP 07 无人机沿着轨迹正序飞行拍摄，无人机飞行到落幅点的位置之后，会停止飞行，然后自动合成延时视频，如图 12-35 所示。

图12-35　合成延时视频

下面来欣赏拍摄好的轨迹延时作品，是一段前进延时视频，效果如图 12-36 所示。

图12-36　轨迹延时视频效果

【后期修图篇】

第 13 章　用醒图 App 一键快速修照片

章前知识导读

用户在使用无人机拍完照片之后，可以直接运用手机中的修图 App 来处理照片。这些 App 可以满足用户的基本修图需求，如构图处理、添加滤镜、添加文字内容等。用户处理完成后，可以直接将照片导出到相册中，或者分享到朋友圈、今日头条等社交平台上。本章以醒图 App 为例，介绍手机修图的具体方法。

新手重点索引

▶ 调节：两种醒图功能

▶ 方法：4 种照片后期构图与优化操作

13.1 调节：两种醒图功能

醒图 App 中的修图功能非常强大，且涵盖了所有基础的功能，学会这些基本的修图技巧，可以显著提升你的图片处理能力。本节主要为大家介绍了构图处理以及智能优化的操作方法。

扫码看视频

13.1.1 构图处理

【效果对比】：醒图中的构图处理功能可以对图片进行裁剪、旋转和矫正处理。下面为大家介绍如何对航拍照片进行构图处理，并改变画面的比例，原图与效果图对比如图 13-1 所示。

原图   效果图

图13-1　原图与效果图对比

构图处理的操作方法如下。

STEP 01 打开醒图 App，点击"导入"按钮，如图 13-2 所示。

STEP 02 在"全部照片"界面中选择一张照片，如图 13-3 所示。

STEP 03 进入醒图图片编辑界面，切换至"调节"选项卡；选择"构图"选项，如图 13-4 所示。

STEP 04 选择"正方形"选项，更改比例；点击"还原"按钮，如图 13-5 所示。

STEP 05 复原比例，选择 2：3 选项，更改比例样式；确定构图之后，点击■按钮，如图 13-6 所示。

STEP 06 预览效果，可以看到照片最终变成竖屏样式，裁剪了不需要的画面，展示了更细节的画面内容，之后点击保存按钮↓，保存照片至相册中，如图 13-7 所示。

温馨提示

除了选定比例样式进行二次构图之外，还可以拖曳裁剪边框进行构图。

图13-2　点击"导入"按钮

图13-3　选择一张照片

图13-4　选择"构图"选项

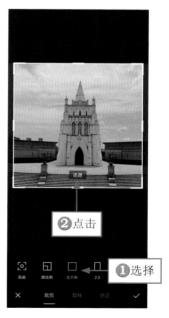

图13-5　点击"还原"按钮

图13-6　选择合适比例

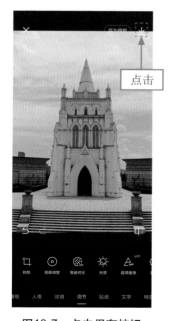

图13-7　点击保存按钮

13.1.2　智能优化

【效果对比】：醒图 App 的智能优化功能可以一键处理照片，优化原图的色彩和明度，让照片画面更加鲜明，原图与效果图对比如图 13-8 所示。

扫码看视频

原图 效果图

图13-8　原图与效果图对比

智能优化图像的操作方法如下。

STEP 01 在醒图 App 中导入照片素材，切换至"调节"选项卡；选择"智能优化"选项，如图 13-9 所示。

STEP 02 优化照片画面之后，设置"光感"参数为 22，让画面更加鲜亮，如图 13-10 所示。

STEP 03 设置"自然饱和度"参数为 100，让画面色彩更鲜艳一些，从而让照片更加美观，如图 13-11 所示。

图13-9　选择"智能优化"选项　　图13-10　设置"光感"参数　　图13-11　设置"自然饱和度"参数

13.2　方法：4 种照片后期构图与优化操作

在醒图 App 中有滤镜功能，可以一键调色；可以为多张照片进行批量修图；可以添加文字和贴纸；还可以套用模板快速出图等。本节将为大家介绍这些常用的图片后期处理方法。

13.2.1　添加滤镜

【效果对比】：为了让航拍照片更具质感，只需在醒图 App 中添加相应的风景滤镜，就可以让航拍的风光照片更加亮丽，原图与效果图对比如图 13-12 所示。

原图　　　　　　　　　　　　　　　　效果图

图13-12　原图与效果图对比

添加滤镜的操作方法如下。

STEP 01 在醒图 App 中导入照片素材，切换至"滤镜"选项卡；展开"风景"选项区；选择"醒春"滤镜，进行初步调色，如图 13-13 所示。

STEP 02 切换至"调节"选项卡；设置"光感"参数为 27，增强画面亮度，如图 13-14 所示。

图13-13　选择"醒春"滤镜　　　　　　　**图13-14　设置"光感"参数**

STEP 03 提亮画面之后，设置"对比度"参数为21，增强画面明暗对比，如图13-15所示。

STEP 04 设置"高光"参数为100，提高画面亮度，如图13-16所示。

STEP 05 设置"色温"参数为-24，让色温偏深绿一些，如图13-17所示。

图13-15 设置"对比度"参数

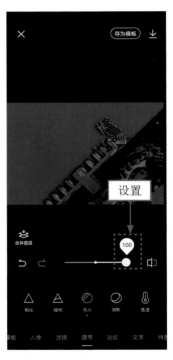

图13-16 设置"高光"参数

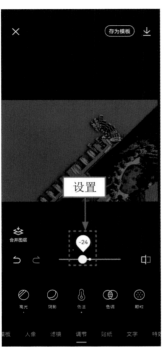

图13-17 设置"色温"参数

13.2.2 批量调色修图

扫码看视频

【效果对比】：对于同一场景、光线和设备下航拍的多张照片，可以用醒图App中的批量修图功能进行调整，一键修图并导出多张照片素材，原图与效果图对比如图13-18所示。

原图

效果图

图13-18 原图与效果图对比

进行批量修图的操作方法如下。

STEP 01 打开醒图 App，点击"批量修图"按钮，如图 13-19 所示。

STEP 02 在"全部照片"界面中，选择两张照片素材；点击"完成"按钮，如图 13-20 所示。

STEP 03 切换至"调节"选项卡；选择"曝光"选项；设置参数为 100，提高画面亮度，如图 13-21 所示。

图13-19　点击"批量修图"按钮

图13-20　点击"完成"按钮

图13-21　设置参数

温馨提示

批量修图不仅可以把调节和滤镜效果应用到所有的照片中，还可以批量应用文字、贴纸、特效等效果。

批量调色最好选择相同类型的照片，以避免有调色误差。如果出现调色差异，可以选择相应的单张照片进行单独调色，然后再导出所有的照片。

STEP 04 设置"自然饱和度"参数为 6，让画面色彩变鲜艳些，如图 13-22 所示。

STEP 05 设置"色温"参数为 -2，让画面偏冷色调，如图 13-23 所示，点击"应用全部"按钮，把调节效果应用到所有的照片中。

STEP 06 切换至"滤镜"选项卡；在"风景"选项卡中选择"醒春"滤镜；设置参数为 39，继续让画面色彩更具美感；点击"应用全部"按钮，如图 13-24 所示，把滤镜效果应用到所有的照片中。

STEP 07 点击保存按钮 ⬇，把多张照片保存到相册和醒图的作品集中，如图 13-25 所示。

图13-22　设置"自然饱和度"参数

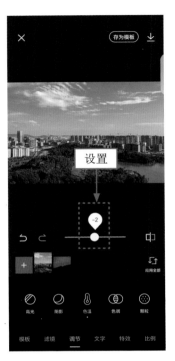

图13-23　设置"色温"参数

图13-24　点击"应用全部"按钮

图13-25　将作品保存到相册和醒图的作品集中

13.2.3　添加文字和贴纸

【效果对比】：醒图 App 提供的文字和贴纸样式非常丰富，还可以通过关键词搜索添加贴纸，添加文字和贴纸能够点明主题，还能增加图片的趣味性，原图与效果图对比如图 13-26 所示。

原图

效果图

图13-26　原图与效果图对比

添加文字和贴纸的操作方法如下。

STEP 01　在醒图 App 中导入照片素材，切换至"文字"选项卡，如图 13-27 所示。

STEP 02　弹出相应的面板，切换至"标题"选项卡；选择一款文字模板，如图 13-28 所示，双击文字。

STEP 03　更改文字内容并调整其位置，如图 13-29 所示，切换至"贴纸"选项卡。

图13-27　切换至"文字"选项卡

图13-28　选择一款文字模板

图13-29　调整文字的大小和位置

STEP 04 输入"飞机"；点击"搜索"按钮；选择一款贴纸，如图 13-30 所示。

STEP 05 点击 ◀ 按钮返回，在"热门"选项卡中选择一款爱心贴纸，如图 13-31 所示。

STEP 06 调整两款贴纸的大小和位置，让照片整体更富有趣味性，如图 13-32 所示。

图13-30　选择一款贴纸　　　图13-31　选择爱心贴纸　　　图13-32　调整两款贴纸的大小和位置

13.2.4　套用模板快速出图

扫码看视频

【效果对比】：醒图 App 内置了多种模板，这些模板预设了相应的滤镜、调色、文字、贴纸和布局等效果，一键就能套用，出图非常方便。在醒图 App 中套用模板的方法也很多，本案例将介绍 3 种套用模板的方法，原图与效果图对比如图 13-33 所示。

套用模板快速出图的操作方法如下。

STEP 01 在醒图 App 中导入照片素材，自动进入"模板"选项卡，在"热门"选项卡中选择一款模板，如图 13-34 所示，查看调色模板效果。

STEP 02 点击 ✕ 按钮回到"修图"界面，点击搜索栏，如图 13-35 所示。

STEP 03 输入"高级感"并搜索；点击所选模板下方的"使用"按钮，如图 13-36 所示。

STEP 04 在"全部照片"界面中选择相应的照片素材，如图 13-37 所示。

STEP 05 执行操作后即可套用文字贴纸模板，如图 13-38 所示，点击 ✕ 按钮回到"修图"界面。

STEP 06 在"修图"界面中选择"imessage 相册 一种很新的 po 图方式"板块，如图 13-39 所示。

STEP 07 在相应界面中选择一款模板，如图 13-40 所示。

STEP 08 进入相应的界面，点击右下角的"去使用"按钮，如图 13-41 所示。

原图　　　　　　　　　　　　　　效果图

图13-33　原图与效果图对比

图13-34　选择一款模板（1）

图13-35　点击搜索栏

图13-36　点击"使用"按钮

图13-37　选择照片素材

图13-38　套用文字贴纸模板

图13-39　选择imessage相册

图13-40　选择一款模板（2）

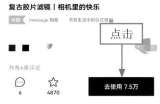

图13-41　点击"去使用"按钮

STEP 09 在"全部照片"界面中，选择相应的照片素材，如图 13-42 所示。

STEP 10 执行操作后即可套用模板，适当调整图片位置，查看画面效果，最后点击保存按钮 ↓，如图 13-43 所示，将保存照片至相册中。

图13-42　选择相应的照片素材

图13-43　点击保存按钮

第 14 章　掌握航拍照片的高级修图方法

章前知识导读

航拍照片的高级修图需要掌握一定的技巧和经验，醒图 App 作为一款专业的修图软件，可以帮助用户更好地展现航拍照片的魅力。通过本章的介绍，大家可以全面了解使用醒图 App 对航拍照片进行高级修图的基本步骤和方法。

新手重点索引

▶ 进阶：对照片进行基础调节

▶ 高级：使用有趣的照片玩法

14.1　进阶：对照片进行基础调节

　　使用醒图 App 可以快速处理航拍的照片，并即时分享到朋友圈。本节主要介绍使用醒图 App 进行一键修图的方法，主要包括局部调整以及调节曝光等内容，可以让大家快速修出精美的航拍照片。

14.1.1　局部调整

扫码看视频

　　【效果对比】：通过局部调整，可以提高或降低局部区域的亮度。下面主要介绍如何提亮天空部分，让落日和晚霞更加美丽，原图与效果图对比如图 14-1 所示。

原图　　　　　　　　　　　　　　　　　效果图

图14-1　原图与效果图对比

局部调整亮度的操作方法如下。

　　STEP 01 在醒图 App 中导入照片素材，切换至"调节"选项卡；选择"局部调整"选项，如图 14-2 所示。

　　STEP 02 进入"局部调整"界面，弹出相应的操作步骤提示，如图 14-3 所示。

　　STEP 03 点击画面上方天空的位置，添加一个点；向右拖曳滑块，设置"亮度"参数为 100，提高天空的亮度，如图 14-4 所示。

温馨提示

　　在"局部调整"界面中添加点之后，除了可以调整局部的"亮度"参数之外，还可以调整"对比度""饱和度""结构"等参数。

图14-2 选择"局部调整"选项

图14-3 弹出相应的操作步骤提示

图14-4 设置"亮度"参数

14.1.2 调节曝光

【效果对比】：在傍晚航拍的时候，由于太阳落山，画面整体的光线会显得比较暗淡，这时，可以调整曝光并提亮画面，原图与效果图对比如图 14-5 所示。

扫码看视频

原图

效果图

图14-5 原图与效果图对比

调节曝光的操作方法如下。

STEP 01 在醒图 App 中导入照片素材，切换至"调节"选项卡；选择"光感"选项；设置参数为 100，让画面变亮一些，如图 14-6 所示。

STEP 02 选择"亮度"选项；设置参数为 23，再继续提亮画面，如图 14-7 所示。

STEP 03 选择"对比度"选项；设置参数为 19，增加色彩，让画面霞光更唯美，如图 14-8 所示。

 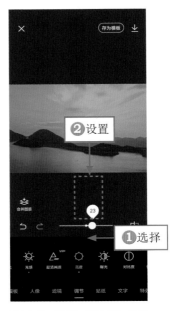 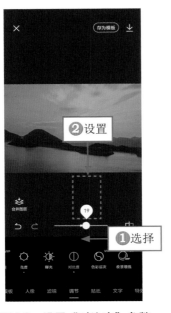

图14-6　设置"光感"参数　　　　图14-7　设置"亮度"参数　　　　图14-8　设置"对比度"参数

14.2　高级：使用有趣的照片玩法

在醒图 App 中还有许多高级有趣的功能，一键即可完成，能满足你的各种需求，并能让你的照片更有特色，本节进行相应的介绍。

14.2.1　拼图玩法

【效果对比】：在醒图 App 中通过导入图片就能实现多图拼接，制作出更有质感的拼图，使多张照片能够和谐地同时出现在一个画面中，原图与效果图对比如图 14-9 所示。

拼图的操作方法如下。

STEP 01 打开醒图 App，点击"拼图"按钮，如图 14-10 所示。

STEP 02 依次选择相册里的 3 张照片；点击"完成"按钮，如图 14-11 所示。

STEP 03 切换至"长图拼接"选项卡；选择一个样式，查看效果，如图 14-12 所示。

STEP 04 切换至"拼图"选项卡；选择 3：4 选项；选择一个样式；调整 3 张照片的位置，如图 14-13 所示。

STEP 05 点击"文字"按钮，进入相应的界面，如图 14-14 所示。

STEP 06 切换至"时间"选项卡；选择文字模板；双击文字，并更改文字内容和调整文字的位置，如图 14-15 所示。

原图　　　　　　　　　　　　　　　　　　　效果图

图14-9　原图与效果图对比

图14-10　点击"拼图"按钮

图14-11　点击"完成"按钮

图14-12　选择一个样式

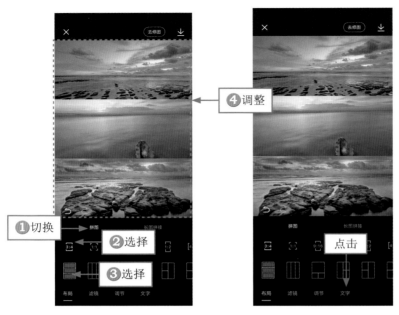

图14-13　调整3张照片的位置　　　　图14-14　点击"文字"按钮　　　　图14-15　双击文字并更改部分内容

14.2.2　AI 绘画玩法

【效果对比】：AI（Artificial Intelligence，人工智能）绘画是现在很流行的一种玩法，它能让你的照片显现出截然不同的风格，充满想象的空间。在醒图 App 中有多种创意玩法可选，操作十分简单，原图与效果图对比如图 14-16 所示。

扫码看视频

原图

效果图

图14-16　原图与效果图对比

AI 绘画的操作方法如下。

STEP 01　打开醒图 App，点击"AI 绘画"按钮，如图 14-17 所示。

STEP 02 在"全部照片"界面中选择相应的照片素材，如图 14-18 所示。

STEP 03 切换至"AI- 复古"选项卡；选择"吉卜力风"选项，即可实现智能绘画，如图 14-19 所示。

图14-17　点击"AI绘画"按钮　　图14-18　选择相应的照片素材　　图14-19　选择"吉卜力风"选项

14.2.3　漫画玩法

扫码看视频

【效果对比】：在醒图 App 中利用漫画玩法功能，可以把现实场景转变成漫画风格，从而获得一张与原图风格迥异的照片，原图与效果图对比如图 14-20 所示。

原图

效果图

图14-20　原图与效果图对比

漫画玩法的操作步骤如下。

STEP 01 在醒图 App 中导入照片素材，切换至"玩法"选项卡，如图 14-21 所示。

STEP 02 弹出相应的面板，切换至"漫画"选项卡；选择"漫画写真"选项，即可转换画面，如图 14-22 所示。

图14-21　切换至"玩法"选项卡

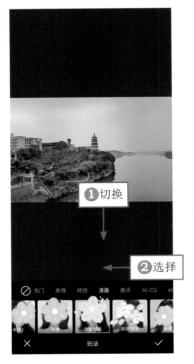

图14-22　选择"漫画写真"选项

【视频制作篇】

第 15 章　全景照片变视频

章前知识导读

　　在剪映电脑版中用一张照片也可以制作出精美的视频效果。剪映功能简单好用，而且上手难度低，只要你熟悉剪映电脑版就能轻松驾驭，制作出艺术大片。本章主要向大家介绍将照片转换成视频的方法，帮助大家掌握制作思路。

新手重点索引

▶ 效果欣赏与导入素材

▶ 制作效果与导出视频

15.1　效果欣赏与导入素材

在视频的创作过程中，我们可以通过欣赏效果来评估和调整自己的创作成。同时，导入素材则为我们提供了丰富的资源和灵感，使我们能够以更有创意的方式表达自己的想法。

15.1.1　效果欣赏

【效果展示】：在剪映电脑版中，运用关键帧功能可以让照片变成动态的视频，操作方法非常简单，效果如图 15-1 所示。

图15-1　照片变视频效果展示

扫码看视频

15.1.2　导入素材

这个短视频是由一张照片制作而成的，制作视频的第 1 步就是导入一张照片素材。下面介绍导入素材的操作方法。

STEP 01　进入视频剪辑界面，在"媒体"功能区中单击"导入"按钮，如图 15-2 所示。

STEP 02　弹出"请选择媒体资源"对话框，选择相应的视频素材；单击"打开"按钮，如图 15-3 所示。

STEP 03　在剪映中选择导入的素材，单击相应素材右下角的"添加到轨道"按钮，即可把照片素材导入到视频轨道中，如图 15-4 所示。

STEP 04　在视频轨道中，选择照片素材，拖曳素材右侧的白色拉杆至 00:00:30:00，增加视频时长，如图 15-5 所示。

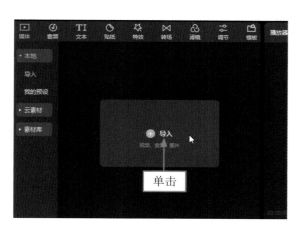

图15-2　单击"导入"按钮

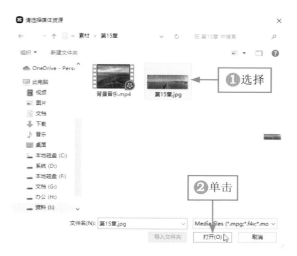

图15-3　单击"打开"按钮

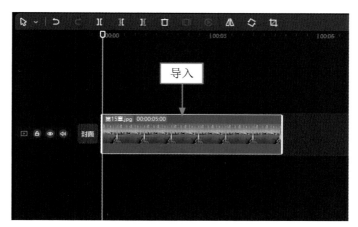

图15-4　将照片素材导入到视频轨道中

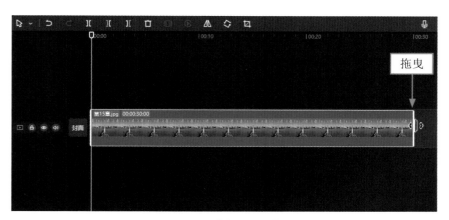

图15-5　增加视频时长

15.2 制作效果与导出视频

导入素材后，即可对素材进行加工制作。本节主要介绍添加音乐、添加关键帧以及导出视频等方法。

15.2.1 添加音乐

我们在添加背景音乐时，可以将其他视频中的歌曲添加到素材中，这样会更加方便和快捷。下面介绍添加音乐的操作方法。

STEP 01 单击"音频"按钮；切换至"音频"功能区中的"音频提取"选项卡；单击"导入"按钮，如图 15-6 所示。

STEP 02 弹出"请选择媒体资源"对话框，选择要提取音乐的视频文件；单击"打开"按钮，如图 15-7 所示。

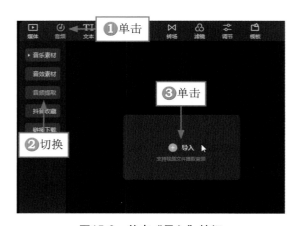

图15-6 单击"导入"按钮

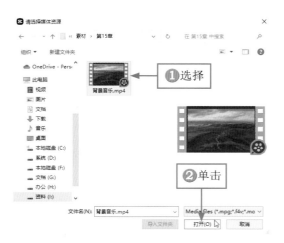

图15-7 单击"打开"按钮

STEP 03 单击"提取音频"右下角的"添加到轨道"按钮➕，添加背景音乐，调整音乐的时长，使其与素材的时长一致，如图 15-8 所示。

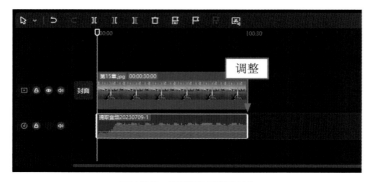

图15-8 调整音乐的时长

15.2.2　添加关键帧

为了让静止的图片素材动起来，可以在"缩放"和"位置"中设置关键帧，制作想要的视频效果。下面介绍添加关键帧的操作方法。

STEP 01 单击"比例"按钮，在弹出的列表框中选择"9 ：16（抖音）"选项，如图 15-9 所示。

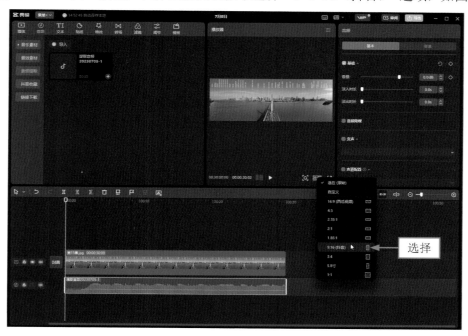

图15-9　选择"9：16（抖音）"选项

STEP 02 调整素材画面使其铺满屏幕，单击"位置"右侧的关键帧按钮◇，添加关键帧；在"播放器"窗口中调整素材位置，使照片最左边的画面为视频的起始位置，如图 15-10 所示。

图15-10　调整素材位置

STEP 03 拖曳时间轴至视频末尾位置，如图 15-11 所示。

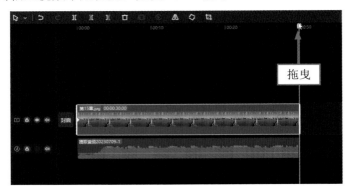

图15-11   拖曳时间轴至视频末尾

STEP 04 在"播放器"窗口中调整素材位置，使照片最右边的画面为视频末尾位置；"位置"选项会自动添加关键帧，如图 15-12 所示。

图15-12   自动添加关键帧

STEP 05 视频起始位置和末尾位置的白色小点，就代表添加的两个关键帧，如图 15-13 所示。

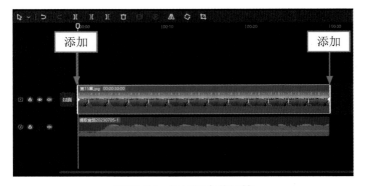

图15-13   添加两个关键帧

15.2.3　导出视频

所有操作完成后，即可导出视频，在"导出"面板中可以设置标题、导出的位置、分辨率以及码率等参数，导出之后还可以将视频直接分享到其他平台。下面介绍导出视频的操作方法。

STEP 01 操作完成后，单击"导出"按钮，如图 15-14 所示。

STEP 02 在弹出的"导出"对话框中更改"标题"；单击"导出至"右侧的按钮 ，设置保存路径；单击"导出"按钮，如图 15-15 所示。

图15-14　单击"导出"按钮

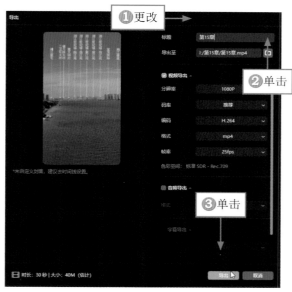

15-15　单击"导出"按钮

STEP 03 导出视频后，单击"关闭"按钮，即可结束操作，如图 15-16 所示。

图15-16　单击"关闭"按钮

第 16 章　多个视频的剪辑流程

章前知识导读

在剪映电脑版中剪辑和制作视频非常方便，因为其界面比手机版要大些，用户可以导入大量的照片和视频素材进行加工。本章主要介绍如何在电脑版剪映中剪辑多个视频。

新手重点索引

▶ 效果欣赏与导入素材

▶ 制作效果与导出视频

16.1　效果欣赏与导入素材

　　风景视频是由多个视频片段组合而成的长视频，因此在制作时要挑选素材，定好视频片段的顺序，在制作时还要根据视频内容的逻辑和分类进行排序，然后再导出制作效果。在介绍制作方法之前，我们先欣赏一下视频的效果，然后再导入素材。

16.1.1　效果欣赏

　　【效果展示】：这个风景视频是由不同地点的视频片段组合而成的，因此在视频开头要介绍视频的主题，并展示每个片段的风光，效果如图 16-1 所示。

图16-1　《山河秘境 神仙的后花园》效果展示

16.1.2　导入素材

在剪映电脑版中剪辑多个素材时，首先需要把多个视频素材都导入至剪映电脑版中。下面介绍导入素材的操作方法。

扫码看视频

STEP 01 进入视频剪辑界面，在"媒体"功能区中单击"导入"按钮，如图 16-2 所示。

STEP 02 弹出"请选择媒体资源"对话框，选择相应的视频素材；单击"打开"按钮，如图 16-3 所示。

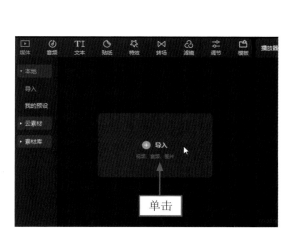

图16-2　单击"导入"按钮

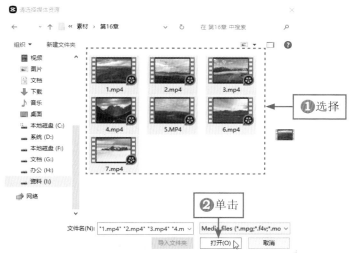

图16-3　单击"打开"按钮

STEP 03 在剪映中全选"本地"选项卡中的视频素材；单击第 1 个素材右下角的"添加到轨道"按钮，如图 16-4 所示。

STEP 04 执行操作后，即可将素材添加到视频轨道中，如图 16-5 所示。

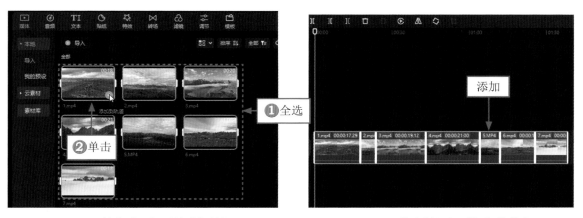

图16-4　单击"添加到轨道"按钮　　　　　图16-5　将素材添加到视频轨道中

16.2　制作效果与导出视频

本节主要介绍如何利用剪映电脑版的各种剪辑功能，将多个原始视频素材转化为具有艺术性、感染力和专业水平的视觉作品，然后将精心制作的视频作品导出为成品视频，以便于在各种媒介上播放和分享。

16.2.1　设置变速效果

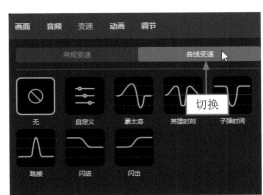

扫码看视频

为视频素材设置"曲线变速"效果，可以使其播放速度忽快忽慢。下面介绍设置变速效果的操作方法。

STEP 01 选择第 1 段视频素材，在"变速"操作区中，切换至"曲线变速"选项卡，如图 16-6 所示。

STEP 02 选择"自定义"选项，如图 16-7 所示。

STEP 03 增加并拖曳相应的变速点，调整不同时间点的播放速度，如图 16-8 所示。

图16-6　切换至"曲线变速"选项卡

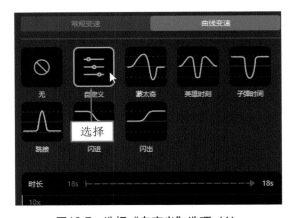

图16-7　选择"自定义"选项（1）

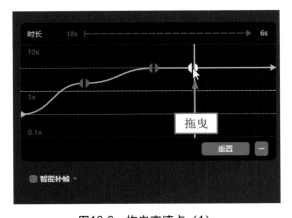

图16-8　拖曳变速点（1）

STEP 04 选择第 2 段视频素材，在"变速"操作区的"曲线变速"选项卡中，选择"自定义"选项，如图 16-9 所示。

STEP 05 把 4 个变速点拖曳至相应的位置上，如图 16-10 所示。

STEP 06 选择第 3 段视频素材，在"变速"操作区的"曲线变速"选项卡中，选择"蒙太奇"选项，如图 16-11 所示。

STEP 07 把 4 个变速点拖曳至相应的位置上，如图 16-12 所示。

STEP 08 用与上面同样的方法，对剩下的 4 段视频进行曲线变速处理，效果如图 16-13 所示。

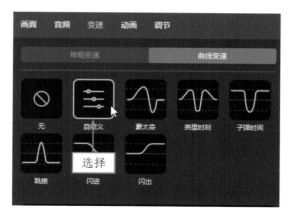

图16-9　选择"自定义"选项（2）

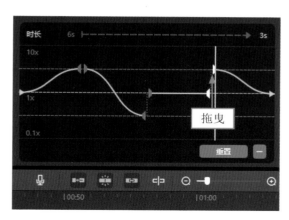

图16-10　拖曳变速点（2）

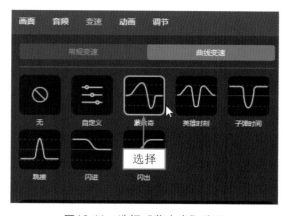

图16-11　选择"蒙太奇"选项

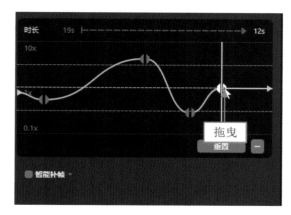

图16-12　拖曳变速点（3）

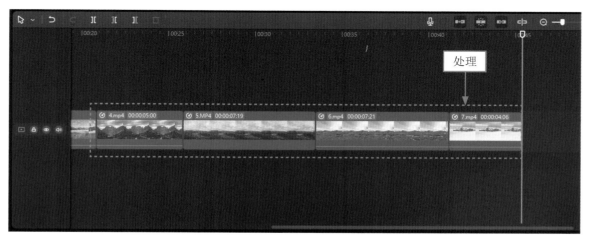

图16-13　对其他视频进行曲线变速处理

16.2.2 设置转场

转场效果是在拥有两段以上视频素材的时候才能设置的，设置合适的转场效果，可以让视频画面过渡得更加自然。下面介绍为素材之间设置转场的操作方法。

STEP 01 在"转场"功能区中，切换至"运镜"选项卡；如图 16-14 所示。

STEP 02 单击"推近"转场中的"添加到轨道"按钮➕，如图 16-15 所示。

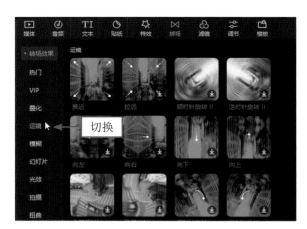

图16-14　切换至"运镜"选项卡

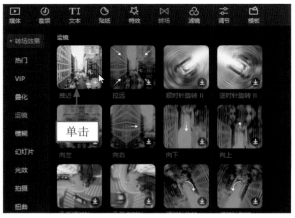

图16-15　单击"添加到轨道"按钮

STEP 03 执行操作后，即可在两个视频素材之间添加一个"推近"转场，如图 16-16 所示。

STEP 04 选择添加的"推近"转场，显示"转场"操作区，单击"应用全部"按钮，如图 16-17 所示。

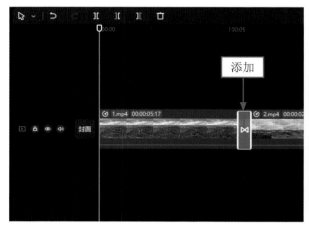

图16-16　添加"推近"转场

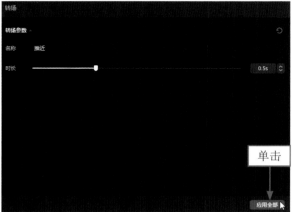

图16-17　单击"应用全部"按钮

STEP 05 执行操作后，即可在其他的视频过渡处添加同样的转场效果，如图 16-18 所示。

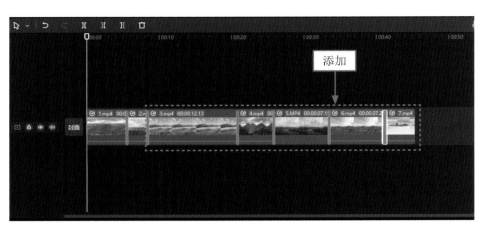

图16-18　添加转场效果

16.2.3　对视频进行调色

扫码看视频

当我们使用无人机拍摄视频，由于天气和设备的原因，画质的清晰度和色彩可能会受到一定的影响，导致整体的视频画面不够出彩。

为了让视频画面具有吸引力，我们有时需要为视频进行调色处理，下面介绍为视频进行调色的操作方法。

STEP 01 在"调节"功能区中，单击"自定义调节"中的"添加到轨道"按钮 ，如图 16-19 所示。

STEP 02 拖曳"调节 1"右侧的白色拉杆，调整其时长与视频时长一致，如图 16-20 所示。

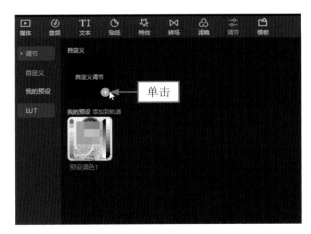
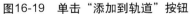

图16-19　单击"添加到轨道"按钮

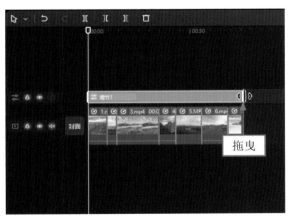

图16-20　拖曳白色拉杆

STEP 03 在"调节"操作区的"基础"选项卡中，设置"饱和度"参数为21，如图 16-21 所示，使画面色彩更加鲜艳。

STEP 04 设置"亮度"参数为 7，如图 16-22 所示，提高画面明亮度。

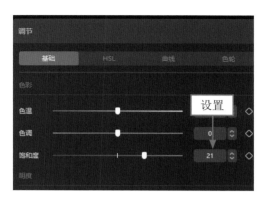

图16-21　设置"饱和度"参数

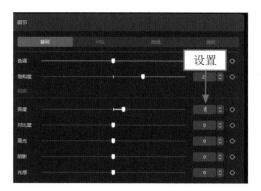

图16-22　设置"亮度"参数

STEP 05 设置"对比度"参数为-9，如图16-23所示，降低画面明暗对比度。

STEP 06 设置"光感"参数为-25，如图16-24所示，降低画面中的光线亮度。

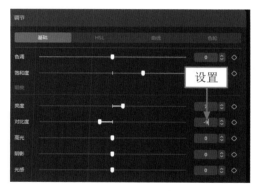

图16-23　设置"对比度"参数

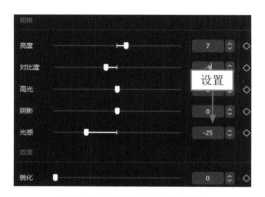

图16-24　设置"光感"参数

STEP 07 在"调节"操作区中，切换至HSL选项卡；选择绿色选项◉；设置"饱和度"参数为19，增加绿色色彩饱和度；设置"亮度"参数为10，提高绿色明亮度，如图16-25所示。

STEP 08 选择青色选项◉；设置"饱和度"参数为16，提高青色画面的饱和度，如图16-26所示。

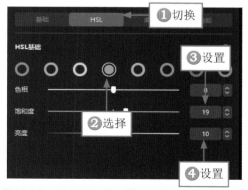

图16-25　设置绿色的"饱和度""亮度"参数

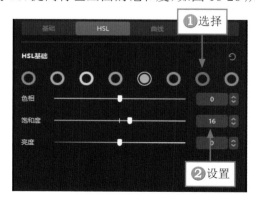

图16-26　设置青色的"饱和度"参数

STEP 09 选择蓝色选项 ；设置"饱和度"参数为 12，提高画面中的蓝色饱和度；设置"亮度"参数为 10，提高蓝色亮度，如图 16-27 所示。

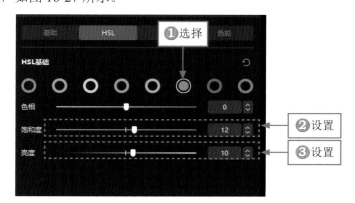

图16-27　设置蓝色的"亮度"参数

16.2.4　制作文字片头

一段精彩的片头可以吸引用户，并激发他们对视频内容的兴趣。通过添加合适的文字来介绍视频主题，可以让观众掌握视频的核心要点。下面介绍制作文字片头的操作方法。

STEP 01 在"文本"功能区的"新建文本"选项卡中，单击"默认文本"中的"添加到轨道"按钮 ⊕，如图 16-28 所示。

STEP 02 执行操作后，即可添加一个默认文本，如图 16-29 所示。

图16-28　单击"添加到轨道"按钮

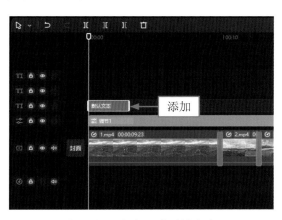

图16-29　添加一个默认文本

STEP 03 调整文本的时长与第 1 段视频的时长一致，如图 16-30 所示。

STEP 04 用与上同样的方法，再添加两个默认文本，并调整文本时长，如图 16-31 所示。

STEP 05 选择添加的第 1 段文本，在"文本"操作区的"基础"选项卡中，输入相应文字，如图 16-32 所示。

STEP 06 设置相应字体；设置"字号"为 18，如图 16-33 所示。

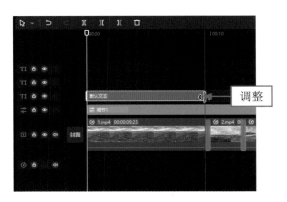

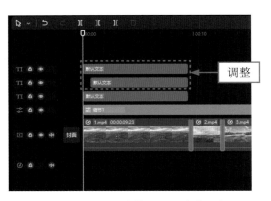

图16-30　调整文本的时长　　　　　　　图16-31　添加文本并调整文本的时长

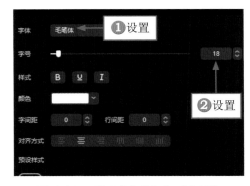

图16-32　输入相应文字　　　　　　　　图16-33　设置"字体"和"字号"

STEP 07 切换至"动画"操作区；在"入场"选项卡中选择"向上露出"动画；设置"动画时长"参数为 3.7s，如图 16-34 所示。

STEP 08 切换至"出场"选项卡；选择"向上擦除"动画；设置"动画时长"参数为 1.7s，如图 16-35 所示。

图16-34　设置"动画时长"参数（1）　　图16-35　设置"动画时长"参数（2）

STEP 09 在"播放器"窗口中，调整文本的大小和位置，如图 16-36 所示。

STEP 10 选择添加的第 2 段文本，在"文本"操作区的"基础"选项卡中，输入相应字符；并设置相应字体，如图 16-37 所示。

图16-36 调整文本的大小和位置（1）

图16-37 输入文字并设置相应字体（1）

STEP 11 切换至"动画"操作区；在"入场"选项卡中选择"向右露出"动画；设置"动画时长"参数为 0.6s，如图 16-38 所示。

STEP 12 切换至"出场"选项卡；选择"渐隐"动画；设置"动画时长"参数为 0.6s，如图 16-39 所示。

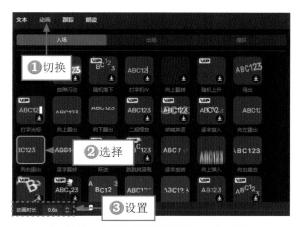

图16-38 设置"动画时长"参数（3）

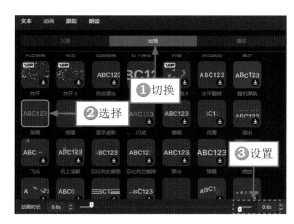

图16-39 设置"动画时长"参数（4）

STEP 13 在"播放器"窗口中，调整文本的大小和位置，如图 16-40 所示。

STEP 14 选择添加的第 3 段文本，在"文本"操作区的"基础"选项卡中，输入相应文字；并设置相应字体，如图 16-41 所示。

STEP 15 切换至"动画"操作区；在"入场"选项卡中选择"向上露出"动画；设置"动画时长"参数为 3.7s，如图 16-42 所示。

STEP 16 切换至"出场"选项卡；选择"向下擦除"动画；设置"动画时长"参数为 1.7s，如图 16-43 所示。

图16-40 调整文本的大小和位置（2）

图16-41 输入文字并设置相应字体（2）

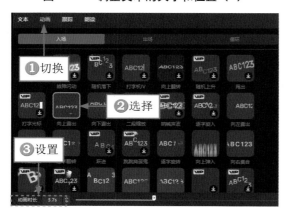

图16-42 设置"动画时长"参数（5）

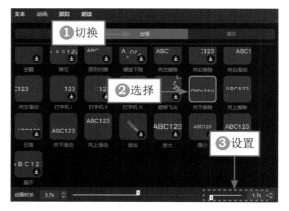

图16-43 设置"动画时长"参数（6）

STEP 17 在"播放器"窗口中，调整文本的大小和位置，如图 16-44 所示。

图16-44 调整文本的大小和位置（3）

16.2.5　添加音乐

视频的背景音乐是至关重要的，它不仅可以营造氛围、带动情绪、强化影像内容，还能提升观众的观赏体验。下面介绍在剪映中添加背景音乐的操作方法。

STEP 01 在"媒体"功能区中单击"导入"按钮，如图 16-45 所示，弹出"请选择媒体资源"对话框。

STEP 02 选择要提取音乐的文件，单击"打开"按钮，如图 16-46 所示，即可将音乐素材导入到"媒体"面板中。

图16-45　单击"导入"按钮

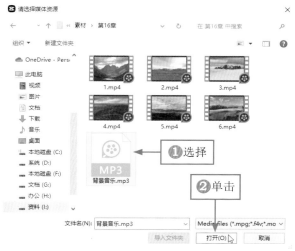

图16-46　单击"打开"按钮

STEP 03 单击背景音乐右下角的"添加到轨道"按钮，添加背景音乐，调整音乐时长至合适位置，如图 16-47 所示。

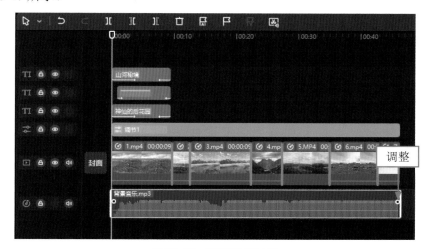

图16-47　调整音乐时长

扫码看视频

16.2.6 导出视频

当一系列的后期操作完成后，接下来就可以将制作完成的视频进行输出。下面介绍在剪映中导出视频的操作方法。

STEP 01 在剪映的右上角，单击"导出"按钮，如图 16-48 所示。

STEP 02 在弹出的"导出"对话框中更改"标题"；单击"导出至"右侧的按钮，设置相应的保存路径；单击"导出"按钮，如图 16-49 所示。

图16-48　单击"导出"按钮（1）

16-49　单击"导出"按钮（2）

STEP 03 导出视频后，单击"关闭"按钮，即可结束操作，如图 16-50 所示。

图16-50　单击"关闭"按钮